U0021165

悅讀的需要，出版的方向

悅讀的需要，出版的方向

遠距團隊的

高效
領導法則

你擔心的ＷＦＨ缺點都不會發生！
十個環節打造超強向心力的傑出團隊

Leading
from
Anywhere

**David
Burkus**

大衛‧博柯斯 **著**
黃庭敏 **譯**

給仍在小隔間辦公室上班的人，
你們就快要自由了。

目錄 CONTENTS

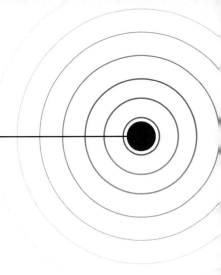

「未來已來，只是尚未流行。」

這句經典金句出自「矽谷精神之父」凱文・凱利（Kevin Kelly）所著的《必然》（*The Inevitable*）一書，我想用這句話來詮釋《遠距團隊的高效領導法則》這本新書，簡直再適合不過了。

當黑主任收到邀請，正準備動筆為本書撰寫推薦序時，恰好發生了一件新聞——中國著名在線旅遊交易平臺「攜程集團」將推出「3+2」混合辦公模式新政策，從2022 年3 月起允許其3 萬名員工每週三及週五在家遠距辦公。

而更巧合的是，本書開篇所舉證的遠端工作事例

之一，正是攜程創辦人梁建章先生，在 2014 年與史丹佛大學經濟學家布魯姆共同推進攜程在家辦公實驗，在這為期九個月的實驗結束後，得到的優異成效令梁建章和布魯姆都大吃一驚，他們甚至得出「與其說在家工作能提高績效，不如說在辦公室工作會降低績效。」這一顛覆傳統管理常識的結論。

　　我相信也正是這次實驗的成功，為如今的攜程全面開展遠端工作模式打下堅實基礎。而這一切，也令黑主任相信，遠距辦公這一未來的流行趨勢已然照進現實。對於企業家、公司各層級主管和中小型創業者來說，我們在看到這一趨勢的同時，也應提前思考，如何應對在未來新型態管理下的難題——在看不見員工的情況下，做好遠距領導者。

　　一般來說，傳統主管是絕不會接受一年到頭見不到員工幾次的，因為這不僅會讓主管自身缺乏安全感，更是對凝聚團隊向心力的一大挑戰。也有人認為遠距辦公只不過是新冠疫情肆虐下的曇花一現，等疫

情結束就會一切清零回歸正常，以此來慰藉自己，進而逃避可能會面對的挑戰。

　　遠端工作是否會成為主流，黑主任不敢斷言，然而回想過往經歷，黑主任發現自己其實很早就和「遠端工作和管理」打交道了：

- 大學時招募夥伴、組建團隊做淘寶創業，每週都要和遠在各個城市大學的成員組織線上週會，就擔心有人摸魚偷懶，更關心他們的創業主動性，每每發現有人懈怠就會焦躁不安；
- 進入社會後，在職場主業外還折騰了許多副業，比如在朋友公司兼職商業策略顧問，時常需要遠程指導專案進展，再比如創辦【職場黑馬學】，需要時刻與臺灣的聯創夥伴保持緊密聯繫和配合；
- 黑主任本職工作長駐上海，新冠疫情爆發後，來回中國大陸與臺灣的時間成本激增，一來一

回就要隔離一到一個半月，在此期間團隊管理工作不能停歇——要關心人的狀態、關心事的進度、關注成果的交付，更可怕的是，你的老闆看得到團隊在辦公室的現場表現，而你看不到，這是十分嚇人的。

由於那時未掌握「遠距管理的藝術」，每當遇到管理難題時，我就在想「如果有人能告訴我如何做好遠距管理，那該多好啊？」故收到本書，如獲至寶，當天下午就閉關品讀，通讀一遍下來，我發現本書最有亮點的內在核心不在那些具體的技巧做法，而在於透過檢視遠距團隊的完整生命週期，來全面介紹領導者在遠端工作時代需要瞭解的新型領導模式，既有大框架的章法，更透過許多案例闡述具體的打法。

雖然案例中的某些方法和技巧不可照搬模仿，但仍可借鑑其精髓，任何的培訓和學習都是為我們提供一個思路，真正能解決自身問題的關鍵，還是在於我

們自己的思考和實踐總結。

　　最後，引用本書中的一句話作為本序的結尾，與各位領導者們共勉——當人們覺得自己可以自由做出貢獻時，往往是最快樂、最有效率的。

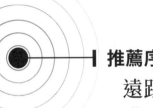

┃ 推薦序 ┃
遠距工作讓我們重新檢視團隊與溝通方法，而非單只有科技成分

葉濬慈（Andrew Yeh）

／ Remote Taiwan 主理人、全球遠距團隊＆薪酬顧問

　　遠端工作在 COVID-19 後成為受到關注的議題，雖然這種工作方式並不新穎，卻也隨著網路科技日漸成熟而趨向完整，但在這議題上並非只有科技／工具的使用需要思考，更需要重新檢視團隊整體溝通模式。引用 Basecamp（知名遠距團隊）的核心溝通原則：你不能不去溝通（you can not not communicate），《遠距團隊的高效領導法則》在不同溝通層次上都佐以案例，從團隊認同感、打造團隊文化認同方法、團隊溝通、消除干擾等，讓整本書讀起

來相當流暢，不管是想嘗試遠端工作模式的團隊，或資深遠距團隊，都有一再細讀的價值。

其中有兩部分相當有趣：

1. 遠端工作並非是提供給團隊的獎勵與福利，而是更深一層的試煉與文化。

   例如，書內提到遠端工作模式更需要員工具備「積極主動」的特質，過去辦公室團隊的招聘流程並沒有真正檢視團隊成員的積極主動特質，因此本書提到一些基礎原則以及案例作為檢視的方法，並讓主管／員工重新審視此一特質將對團隊帶來的影響與試煉。

2. 遠端工作降低了分心問題，讓員工提升獨自工作的效率，但團隊協作模式變成更加需要關注的課題。

   當員工個體作戰的能力提高後，思考團隊成員該如何互相合作、產出以及管理績效變得更加

重要，雖然前一點招募具備主動特質的人是其中一個方法，但更需關注團隊整體流程優化與指標，這個關注點，讓遠端工作的團隊相對於過往辦公室工作模式，更有機會彼此建立更強大的連結。

當然以上所述並非指遠端工作模式更優於辦公室工作模式，而是在遠端工作模式下，過去較少被關注的流程重新受到審視，本書都將一一帶到，提供管理者與員工新的思考方法與溝通指標。

你的公司能挺過大離職潮嗎？

劉艾霖／「遠距工作者在臺灣」社群創辦人

今年許多公司正在經歷『大離職潮』的衝擊，雖然多數人都認為這個現象僅限於歐美國家，但實際上它延伸的蝴蝶效應也悄悄來到我們身旁。舉例來說，我在去年上半年度，就收到加拿大跟荷蘭的新創公司主動私訊邀約面試，對方提出如果面試上的話，可以自由選擇留在臺灣遠距或是由公司協助申請工作簽，等工作簽證正式核發下來後再搬遷即可。類似的事件也經常發生在我身邊的朋友身上，這已不是單一的特殊案例。

整個人力市場已發生劇烈的變化，員工希望能遠端工作的需求也逐漸變得前所未見的巨大，以往資方

較強勢時，常以輕描淡寫的方式用『規定』撲滅這個火苗，但大離職潮導致的人力缺口，讓勞方轉為人力市場的強勢方。許多企業仍然沉溺於過去的成功，不願正視員工需求，而為此正在付出巨大的代價，例如流失人員的速度遠遠超過補進人力的速度，甚至需要提升 30 ～ 50% 的薪資，才能補足原本同職位所流失的人力。

雖然員工常常會抱怨公司組織僵化，但企業所擔心的事也並非子虛烏有。建立一個遠距團隊，不是只是員工可以不用進辦公室這麼單純而已，從公司文化、溝通方式、招募策略等等多個面向的配套措施都要考量。我們可以從無數成功案例驗證得知，高效的遠距團隊的確可以帶給公司夢寐以求的倍數成長，但在錯誤的領導下，也可能輕易抵銷了它所帶來的好處。

如書中〈以虛擬方式交流〉的章節提到：

「如果期望遠端工作者隨時可以跟人溝通，這種好處很快就會消失。」

和〈績效管理〉的章節提到的：

「對員工的電子監控確實增加了他們的外在動機，但從長遠來看，這會大大降低他們的內在動機。知道自己被監視的員工，更不可能付出額外的努力來幫助公司。」

　　領導一個遠距團隊，並非一件簡單的事，但隨著愈來愈多公司採用這樣的模式，也累積了不少有效的做法，作者非常用心地收集了統計數據，讓企業在面臨改革時更有所本。

　　當我們在討論怎麼領導遠距團隊時，常會聽到「著重結果，而不是行動」相信大家對此都不陌生。但如何妥善處理「重結果」所帶來的負面效應，則很少聽到有人討論，作者提供了很具體的指引，像是透過額外的意見回饋和輔導來降低追求結果論的傷害，讓我非常受用。相信你讀完此書後，也會有同樣的感受。

▌推薦序▌
從見山是山，走過見山不是山，
到見山還是山

戴松志／遠東國際商業銀行數位金融事業群副總經理

　　疫情帶動全球WFH（Work from Home）趨勢，很多領導者都收集各國企業做法，積極者還加以演練，認為自己的企業已經準備好了，是「見山是山」沒錯。而疫情總是令人措手不及，臺灣在2021年5月突然升至三級警戒，企業發現原來當初以為的山已不是山，演練與實際執行，仍有不少落差，遠東商銀數位金融事業群也與大家一樣經歷了立即全面遠距辦公的過程，從甫發生的配套不足，到同仁從上到下摸索出合適的WFH模式，走過了「見山不是山」的過程。而在疫情趨緩降為二級後，當時進行員工不記名的「遠距

辦公調查」，結果竟顯示七成同仁認為工作效率不但不受影響，反而有所提升，其中更有兩成多同仁認為遠距辦公工作效率提升了30%以上；有八成同仁期望每週至少能維持兩天以上遠距辦公，因此遠東商銀數位金融事業群也趁勢啟動複合式遠距辦公計畫，鳴出銀行業常態性遠距辦公第一槍。

實施複合式遠距辦公，我們相當清楚要打造高效的遠距辦公模式，關鍵在於信任、尊重與關懷員工。為員工安排各種遠距互動與訓練等活動，打造團隊具備共同理解、共同認同與共同使命感，並建立主管與員工的信任關係，才能無礙、高效地實行遠距辦公。這是遠東商銀數位金融事業群推動複合式遠距辦公計畫的核心概念。這樣的核心理念，在讀完大衛・博柯斯的《遠距團隊的高效領導法則》一書後，發現我們所推崇的核心概念不謀而合。

博柯斯以各產業的遠距辦公真實案例貫穿全書，像是作者手把手地在教導讀者，從最初遠距辦公的啟

動布建，到打造團隊文化、招募技巧、關係維繫技巧、績效管理、幫助員工投入等階段式完整布建，更彙集不同情境下適用、好用的遠端技術，並且集結作者在投入遠端工作研究時，與領導者核心討論後的寶貴經驗分享。讀畢此書，對於書中許多真實的遠端工作狀況，本人心有戚戚焉，也感到獲益良多、反思不已。

對於渴望打造高效的遠距團隊，正在經歷或即將面臨遠端工作的領導者而言，本人相當推薦將《遠距團隊的高效領導法則》視為寶典工具書，透過快速參考各企業成功與失敗案例，見賢思齊、見不賢自省，不斷積累相關知識與間接經驗，在前人的經驗基礎上，才能帶領遠距團隊走得更穩更遠，邁入「見山還是山」的更高領導境界。

遠距團隊的興衰和再次崛起

當海蒂‧布朗（Hayden Brown）在2020年1月1日擔任Upwork執行長時，她可能從未想像過在這家公司的第一年會這樣發展。

Upwork是一家市值10億美元的公司，前身是Elance和oDesk兩家公司，經過合併後成為世界上最大的自由工作者人力媒合平臺。在2020年之前，該公司大多數員工已經在全球800個城市進行遠端工作。公司替尚未準備好遠端工作的員工提供了幾個傳統的辦公地點，但即使如此，辦公室的接待員也是名虛擬員工，遠距從家裡的辦公室處理多個櫃檯的事務。布朗之前的執行長是史蒂芬‧卡斯里爾（Stephane

Kasriel），在他的領導下，這家世界上最大的遠距人才庫管理公司已經盡可能地以遠距方式運作。

或者說，他們自認如此。

當COVID-19開始在全球迅速傳播時，布朗和她的領導團隊發現自己與其他許多高階領導者的處境相同。他們必須決定如何應對這種情況，必須瞭解如何維持業務營運，同時確保所有利害關係人的安全。但和很多公司不同的是，他們並沒有決定讓每個人都回家進行短期的「在家辦公」（work-from-home，簡稱WFH）實驗。比起當作短期的調整，他們認為這是投入遠端工作的時候了。

他們做過相關的研究，長期以來一直是遠端工作運動的支柱，不過還是繼續堅持要有自己的辦公空間。現在是時候來完成這項不可避免的轉變，全面地採用遠距方式工作。

布朗在推特上發布貼文，「憑藉著我們身為遠端工作公司20年的經驗基礎，我們現在永久採用『遠距

優先』模式。從現在起，遠端工作將成為每個人的預設情況」，並以「#未來的工作已到來」[1]的標籤結束這則貼文。

本書就在討論這樣的未來工作型態。或者，也許更好的說法是，這是一本關於遠距團隊過去、現在和未來的書，以及未來在這種工作情況下，你如何以一個領導者的角色成長茁壯。

現在很難追溯遠距團隊的起源，在某種程度上，遠距團隊一直都存在著。像是羅馬帝國橫跨三大洲，但凱撒不得不接受路途遙遠和差遣信使的情況。在殖民主義的鼎盛時期，據說大英帝國的太陽從未落下，可是維多利亞女王必須用船隻和貿易路線來維繫整個帝國。即使在美國相對較短的歷史中，騎馬巡迴的傳教士也在這個不斷發展的國家中宣教，而到各地巡迴的推銷員甚至在汽車出現之前，就挨家挨戶地為他們的公司和自己爭取最好的收入。

但是，當我們今天談論遠端工作和遠距團隊時，

大多數人討論的是不進傳統辦公室工作的舉動。如果這是我們討論的參考範圍，那麼可能應該把1973年當作正式的起始日期。那一年，傑克‧尼爾斯（Jack Nilles）出版了《電訊和運輸之間的權衡》（*Telecommunications-Transportation Tradeoff*）一書[2]。尼爾斯和他的合著者深信，拓寬高速公路並無法解決日益嚴重的塞車問題。相反地，他們認為這是通訊方面的問題，而且技術很快就可以解決。他們主張，公司可以透過縮小總部規模，並在其所在城市的邊緣建立許多衛星辦公室，幫助緩解交通問題，這與今天分散在許多咖啡館內的遠端工作者並沒有太大的區別。當時還沒有什麼個人電腦，咖啡也沒有很好喝，但尼爾斯和他的夥伴認為，大型電腦技術和現有的電話線足以協調遠端工作。尼爾斯甚至為此創造了一個名詞：「電傳勞動」（telework）。

隨著技術的進步和電腦體積的縮小，電傳勞動的擁護者變得更加堅定。1989年，查爾斯‧韓第（Charles Handy）認為，個人電話標誌著大型辦公室

終結的起點，他寫道：「把個人電話連接到筆記型電腦和可攜式傳真機，汽車或火車座位就變成了辦公室。」[3]1993年，同時代的管理思想家彼得‧杜拉克（Peter Drucker）宣告：「通勤上班已經過時了。」[4]但企業領導人一定不知道這樣的訊息。如果他們當初知道這樣的觀念，放棄高階主管辦公室也不會是他們想急於完成的事情，所以並沒有發生縮減辦公室的革命，遠端工作者的比例也就緩慢成長。遠端工作的情形在科技公司中發展最快，可能是因為他們熟悉在遠距離中更有效協作所需的工具。

在過去的十年裡，兩件大事影響了關於遠距團隊的爭論，以及「在家辦公」是否實際上只是一種沒什麼在工作的形式。第一件事發生在2013年2月，當時新上任的雅虎執行長瑪麗莎‧梅爾（Marissa Mayer）對全公司發出一份備忘錄，宣布公司的遠端工作結束，「我們需要成為凝聚在一起的雅虎！」備忘錄中寫道，「而這要從大家親自聚在一起來開始。」[5]許多公司紛紛效

仿，惠普、IBM，甚至百思買＊（Best Buy，這家公司以前以「只注重結果的工作環境」而聞名）都把他們的遠距團隊從家裡召集回企業總部。為了代替遠端工作，許多科技公司增加在工作場所「福利」上的奢侈支出，這些福利設計的目的已經不再拐彎抹角，而是鼓勵員工更專注於工作，減少對外界的擔憂。

因此，遠端工作革命的步伐放慢成了蝸速。到2018年，只有大約3%的美國員工表示，自己有一半以上的時間是在遠端工作[6]。邁向遠端工作的過程仍有進展，但比以前慢得多。

然後，事情突然得到了出乎意料的助力。COVID-19幾乎使全球陷入癱瘓，為了應對疫情的威脅，這反倒使遠端工作的發展進入全面衝刺階段。當時讓所有人迅速轉變成遠距團隊是保守的辦法，很可能被視為暫時之舉，但是大多數人在體驗過遠端工作

＊　美國消費電子電器產品零售商，為《財星》世界 500 強企業。

的好處之後，都不想很快回到辦公室。

　　IBM在COVID-19疫情高峰期間進行的調查發現，超過一半的員工希望遠端工作成為他們的主要工作方式，75%的人表示他們希望至少有些時候可以選擇繼續遠端工作。許多公司也同樣地做出了相應的回應。部分是出於安全考量，部分是為了回應在被迫嘗試遠端工作期間公司所發現的情況，許多公司宣布，在努力「減緩COVID-19病例趨勢」後的一段長時間內，會讓員工能夠繼續遠端工作[7]。花旗集團是世界上最大的銀行之一，他們告訴員工，未來將近一年的時間內，大多數人不用進辦公室。臉書執行長馬克・祖克柏更進一步宣布，4萬8000員工中，有一半的人可能將永久性地轉為遠端工作[8]。（臉書的公告特別矛盾，因為在「辦公室福利」趨勢的高峰期，該公司斥資超過10億美元，聘請了著名建築師法蘭克・蓋瑞（Frank Gehry）設計世界上最大的開放式辦公室。）[9]而Shopify執行長托比・盧克（Tobi Lütke）和海蒂・

布朗一樣，宣布他這家加拿大最有價值的公司將成為「預設數位化」的公司，會保留一些辦公空間用於某些業務，但轉向遠端工作是永久性的，盧克表示：「以辦公室為中心的時代結束了。」[10]

對於COVID-19大規模流行和應對措施，人們記得的幾乎都是悲慘的事情，但疫情也會被視為必須的動力，促成遠端工作運動達到臨界質量。現在大多數管理者已經親眼目睹了遠端工作的好處和挑戰，大多數人已經認同回報遠遠超過風險，並且隨著技術的發展，這些風險也會繼續減少。

當你觀察研究結果，遠端工作者和團隊比辦公室員工更有效率，如果管理得當，前者的投入程度也更高。2014年，在瑪麗莎·梅爾臭名遠播的備忘錄發布一年後，史丹佛大學經濟學家尼可拉斯·布魯姆（Nicholas Bloom）獲得一個耐人尋味的研究機會，將改變我們對遠端工作的許多看法。研究生梁建章（James Liang）與他聯繫，這名研究生也是中國攜

程旅遊網站的聯合創辦人，當時攜程是一家擁有1萬6000人的那斯達克上市公司。梁建章告訴布魯姆，攜程正在研究讓客服中心的員工在家工作，但想確保他們的實驗是正確的。

在布魯姆的指導下，攜程讓客服中心內某個部門的員工有機會自願在家工作九個月。該公司要求參與的員工至少入職已滿六個月，並且家中有一個專用的房間可以高速上網。249人表示有興趣，並符合要求。接著，志願人員被分為兩組。一半被要求留在辦公室作為對照組，另一半被安排與辦公室工作人員使用相同的技術設備，以便他們可以按照相同的工作流程，並根據相同的標準來評估工作績效。基本上，唯一改變的是工作的地點。

那麼在這九個月結束時，發生了什麼事呢？「我們在攜程看到的結果讓我大吃一驚，」布魯姆回憶道[11]。當他們檢查數據時，布魯姆和梁建章發現，在家辦公的人處理的電話比辦公室工作人員多13.5%，同時他

們在這九個月期間請的年假和病假也減少了。布魯姆解釋說：「這意味著攜程每個禮拜可以從他們身上多得到一個工作日。」此外，在家辦公的員工離職率是每天通勤上班者的一半。

在尋找績效大幅提升的原因時，布魯姆和梁建章發現，與其說在家工作能提高績效，不如說在辦公室工作會**降低**績效。他們估計，在家工作的員工生產力能提高，有1/3可能是因為更安靜的環境使他們更容易接聽電話，而另外2/3則純粹是投入了更多的時間。因為不需要通勤到讓人很容易分心的辦公室上班，員工開始工作的時間更早，休息時間更短，不會趁著午餐時間離開辦公室去處理雜事，而且可以一直工作到下班為止。布魯姆說：「在家裡，人們不會經歷到我們所說的『休息室蛋糕』*效應。」至少對於攜程而言，辦公室被證明是一個糟糕的工作場所。

---

* 意指在辦公室容易因為吃同事的生日蛋糕等瑣碎活動而分心，浪費時間。

像這樣的研究證明了你可能已經懷疑的事情。只要隨便問問在公司辦公室工作的人，當他們「真正」需要完成工作時，會去哪裡做事，他們很少提到辦公室，尤其如果他們是那種開放式的辦公室，座位實際上是在一排長辦公桌海面前，或在那種矮牆的隔間，而他們其實是靠戴著降噪耳機來當作辦公室的門。這樣很奇怪不是嗎？我們打造了大型的精緻空間，以便每個人都可以一起工作，結果卻發現，在很多時候，當試圖完成工作時，大家都聚在一起只是會分心罷了。

除了可以自由地集中注意力和減少（或完全省去）通勤時間之外，當人們轉向遠端工作時，員工投入的程度也會增加，這在很大程度上推動了生產力和留職率。蓋洛普組織（Gallup）是調查員工投入程度的全球翹楚，自 2008 年以來一直在研究遠端工作背景下的員工投入程度。在 COVID-19 疫情襲擊美國沿海地區之前，蓋洛普發布了 2020 年美國工作場所現狀的研究報告，他們發現，可以選擇遠端工作大大增加了員工表示他們投入

工作的可能性——但只有到一定的程度。當員工花60%到80%的時間異地上班時（即一週中有三到四天），遠端工作投入程度提升的效果會最佳[12]。

在撰寫本書時，很難預測在全球疫情大爆發過後，未來工作的整體情況會是什麼模樣。但不難看出，遠端工作的盛行不會很快就退回到當年雅虎備忘錄的程度。相反地，大多數員工的工作若能讓他們遠端處理，可能會在某種程度上成為遠端員工，在辦公室、家、咖啡店和任何其他想要的地點之間分配時間工作。其他人可能會發現自己在分散式的公司工作，這樣的遠距公司甚至沒有辦公室可去。結合所有關於生產力和投入程度的研究來看，所有領導者都應該制定一個計畫，讓工作安排能永遠靈活。許多員工將可永久性地隨意在任何地方工作，這意味著你需要一個計畫，讓你不管在哪裡都可以帶人。

本書就是這樣的計畫，提供領導遠距團隊的具體見解、想法、工具、策略和技巧。在接下來的篇幅中

（或許你用的是電子書或有聲書，我們對所有的書籍格式一視同仁），我們將全面介紹領導者在遠端工作時代需要瞭解的團隊合作內容，透過檢視遠距團隊的完整生命週期的方式來達成這點。

在第一章，我們將開始介紹，當你的團隊要啟動遠端工作時，該做哪些事，無論是你的團隊正轉換到遠端工作，還是你剛被任命為遠距團隊的領導者。我們還將介紹對於團隊合作如何建立共同的期望，以及在團隊中建立共同的認同感。

第二章挑戰了人們對於團隊文化的輕率假設：認為這主要是進辦公室的獎勵和福利。相反地，許多從一開始就是遠端工作的公司，已經因為其強健和積極的公司文化而聞名，我們也將探討他們的做法，以及你如何也能做到這一點。

第三章說明如何適當地把新成員加入你的遠距團隊，確保你僱用合適的人，並且讓他們感到被團隊接納，即使他們還沒有見過視訊通話中隔著螢幕、另一

頭的所有同事。

第四章的重點是確保你的遠距團隊成員，無論是否是新同仁，都能感受到彼此之間的聯繫，並與團隊保持協調。遠端工作可能會讓人覺得孤獨，但最好的遠距團隊建立的聯繫往往比面對面工作的團隊更強大。

第五章深入探討和這些成員的溝通方法。我們將檢視不同類型的溝通，並檢查每種媒介的最佳實務做法，並且以**完成工作**為重點，而不光是空談。

第六章更深入地探討了最常用的團隊溝通方法之一：團隊會議。我們將介紹遠距團隊會議帶來的機會和挑戰，並提供方法來確保你的虛擬會議比「真實」會議運作得更好。

第七章介紹了遠距團隊的問題解決和創意思考方式。雖然我們往往認為，要單槍匹馬、有創意的人才能生出點子，但實際上創意是在團隊中進行的。而對遠距團隊來說，這一點也不例外。

第八章重新思考績效管理，或者只是重新思考我

們較為草率的管理習慣。遠端時代的管理意味著，拋開人在場等於有效率的想法。相反地，聰明的團隊領導者知道如何幫助員工建立重要的衡量標準，而這在遠端工作中更為重要。

第九章探討了保持工作效率的另一面：消除干擾。最好的遠距團隊領導者幫助他們的員工在即使公私領域變得模糊之際，也能在遠端工作和其餘生活之間建立分界。這不僅能限制讓人分心的事物，還有助於避免工作倦怠。

而在第十章，我們將考慮任何團隊（遠端或其他形式）面臨的最困難挑戰：道別。沒有團隊可以永遠持續下去，最好的團隊領導者會幫助員工與同事保持聯繫，同時幫助他們準備好在下一個團隊中有更好的發展。

如果本書不能在這十章中回答你所有的問題，我們還在書的結尾處加上兩個附錄。附錄一簡單介紹了你可能需要用來領導團隊的各種技術工具，附錄二則彙總了你可能遇到的問題，這些問題大到不能忽略，但又不

適合放在其他章節。你大可從第一章讀到第十章,或者跳著讀不同的章節,找到適合你當前面臨情況的辦法。

　　這一切都是你擔任遠距團隊領導者要生存和發展所需要的知識,也是所有領導者從現在開始都需要考慮的事情。

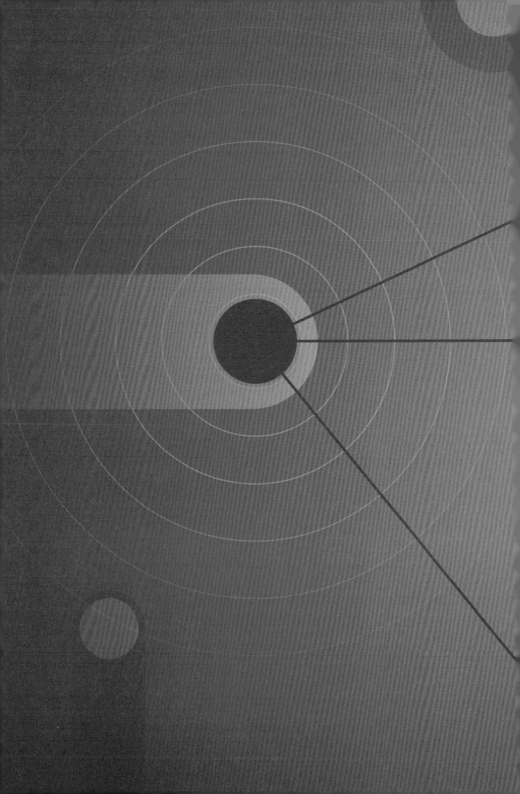

1

啟動遠端工作

無論你是在遠距公司領導新的團隊，
還是負責從遠端管理面對面工作的團隊，
你團隊的成功或失敗都取決於幾個關鍵要素。
甚至在你決定使用什麼軟體之前，
都要讓你的團隊達成共同的理解、
認同感和目標。

「當我們關門不營業的那一刻起，就沒有任何收入。」[13]

柯蒂斯‧克里斯多夫森（Curtis Christopherson）從未打算領導遠距團隊或與客戶進行遠端合作。但是，當COVID-19的危機迫使他的公司倒閉時，這一切都改變了。突然之間，身為創新健身公司（Innovative Fitness）的創辦人兼執行長，克里斯多夫森眼睜睜地看著他的現場訓練商業模式完全不適用。創新健身公司正在慶祝成立25週年，同時也在計劃關閉公司全部12間分店。在2020年初，公司聘用了250多名私人教練和支援的人員。每位教練都在實體的分店工作，而他們的分店以吸引客戶聞名。「如果你入住多倫多的麗思卡爾頓飯店（Ritz-Carlton），想要進行個人鍛鍊課程，禮賓部會把你送到我們這裡來。我們客戶的體驗就是這麼優質。」

創新健身公司的全部收入都仰賴現場的互動，而在大環境中，面對面的互動突然變得稀少。隨著

COVID-19 大流行變得失控，克里斯多夫森知道他的公司需要快速改變。

當他得知有幾個人和幾名客戶從歐洲旅行回來，檢測出確診時，他毫不猶豫地做出應對。就在那天晚上，也就是 3 月 15 日星期日，他安排了一次全體員工的視訊會議，告訴所有人他們第二天不會開門營業。他不知道他們該做什麼，但他知道，他們不會在不知情的情況下助長病毒的傳播。克里斯多夫森告訴員工，他們會獲得計算到該週結束的全額薪資，而屆時公司也會準備好完整的計畫。「我們告訴他們，『我們會想出辦法的，會在星期五之前回覆大家。』然後我們集思廣益，試圖想出辦法。」他們研究了關門幾週的最佳情況和關門六個月的最壞情況，還研究了調整公司的全面業務。

他們選擇了調整業務。

選擇轉向遠端服務。

創新健身公司已經和一家軟體廠商合作，開發用

於預約課程和計費的專屬系統。他們與廠商聯繫，問了一個瘋狂的問題：「可以在平臺上添加視訊通話功能嗎？」當他們的廠商說可以時，他們就有了自己的計畫。他們將在兩週內建立一套完整的系統，讓他們的私人教練與現有客戶進行虛擬會面，並維持上課的情況（和收入）。他們還設計了課程，不僅要教他們的教練如何使用軟體，還要有效地教育遠端的客戶，而這套軟體還在研發中。他們還設計了健身計畫模板，不需要任何器材就可以在各種家庭環境中使用。

在那個星期五，也就是他們為期兩週轉型的一週後，克里斯多夫森再次與他的全體員工在線上見面。他告訴他們：「我們將為所有客戶提供相同品質的服務和相同的鍛鍊計畫。除了我們訓練他們時的見面方式外，並沒有什麼事情是改變的。」克里斯多夫森也非常倚重公司現有的宗旨和願景，並強調他們非常理解每位員工因危機而面臨的情況。但在會議結束時，他問了一個簡單的問題：「你們要加入嗎？」

克里斯多夫森回憶說：「在大約225名教練中，有205名馬上就答應了。」

3月30日，創新健身公司與訓練有素的虛擬健身教練團隊一起推出了虛擬的私人訓練服務。

雖然他們大多數親臨現場的客戶現在已經回到健身中心，但虛擬服務仍然是創新健身公司成長最快的收入來源，而且這情況不會消失。

克里斯多夫森反思了這種轉變的影響有多大，而且感覺是早該如此的轉變。「對我來說最瘋狂的是，我們基本上完全忽略了所有的技術。我們有一個網站，但幾乎沒有把它優化，」他解釋說，「在我們成立的25年中，若非客戶進入分店，並與我們的人員交談過，我們是從未把網站訪客轉化為實際客戶的。」一旦他們推出虛擬服務，就開始看到世界各地的客戶在註冊，而且幾乎不需要互動。創新健身公司的遠距部門可以隨時隨地尋找客戶，同時也讓他們能夠招攬和慰留來自世界各地的人才。在過去，如果教練搬離公

司的所處範圍，僱傭關係就會終止。現在，創新健身公司可以讓他們繼續留在團隊裡。

克里斯多夫森現在認為，創新健身公司不是一家提供虛擬健身服務的實體公司，而是一家剛好擁有幾家健身房的遠距公司。「我們正在努力成為個人健身領域的Uber。無論你身在何處，我們都可以為你聯繫健身教練，根據你的目標、需求、能力和器材，進行量身定制的運動計畫。」

克里斯多夫森可能沒有計劃有一天要領導一家遠距公司，但現在他沒有走回頭路的打算。

克里斯多夫森和創新健身公司面臨的許多挑戰，也是每位負責管理遠距團隊的領導者所共同面臨的。他們必須想出辦法，在虛擬環境中訓練客戶，但更重要的是，他們必須弄清楚如何訓練超過200名員工，讓他們能夠一起合作，並遠端與客戶一起上課。這也是你身為遠端領導者的主要挑戰，也是遠端業務成功的關鍵：幫助團隊學會在沒有當面互動的情況下，一

起協同工作。

　　無論是新的危機要求你的團隊遠端工作，還是你剛剛成為已經遠端作業的團隊的領導者，「遠端工作」都會造成許多障礙，而不僅僅是簡單的流程作業。

　　當人們不在一起時，你如何讓他們感覺像一個團隊？

　　當他們不能走到彼此的辦公座位時，你如何幫助他們進行合作？

　　即使他們在不同的時區工作，或在家中忙於處理各種責任，你如何讓他們協調一致，並積極處理手上的任務？

　　幸運的是，雖然遠端工作對許多組織來說可能是新事物，但遠距團隊已經以某種形式存在足夠久的時間，我們可以從當中成功和挫折的經驗學到很多。瑪婷・哈斯（Martine Haas）和馬克・莫天森（Mark Mortensen）多年來一直在研究遠距團隊，包括由組織中不同部門成員組成的全球團隊（如果有的話，這

是真正「無邊界」類型的團隊）[14]。他們看到了遠端工作如何為團隊及領導者帶來許多的挑戰和機會。但有兩個因素特別突出：對彼此工作習慣和環境的**共同理解**，以及團隊之間的**共同認同感**，這兩項是領導者需要解決的獨特挑戰，無論他們的現有團隊是遠端工作，還是要在遠端環境中建立新的團隊。

在本章中，我們將研究如何逐一完成每項任務，並為所有類型的團隊管理者提供重要且緊迫的第三個要素：讓你的團隊在共同目標上團結起來。

🔍 共同的理解

在團隊發展的傳統模型中，團隊生命的早期階段就存在著可控的混亂局面。有一個著名的模型甚至將團隊形成之後的第一階段稱為「風暴期」，因為團隊成員在發表自己的意見，並互相試探彼此的態度，所以在團隊逐漸發展出行為規範，大家瞭解彼此

的工作習慣之前，有衝突是必然的。這些模型大多是為面對面工作的團隊開發的，傳統的團隊可以快速通過風暴期。在遠距團隊中，領導者有責任在把衝突降至最低的同時，落實這些規範，這時候就發展出共同的理解。

共同的理解是指團隊成員對團隊的專業知識、分配的任務、背景和偏好具有共同看法的程度。團隊中不同成員有不同的技能、能力和知識。在一個遠距團隊中，他們很可能也來自不同的文化背景和受到不同的情境限制。雖然面對面工作的團隊可能也是如此，但在缺乏共同環境的影響下，遠距團隊被誤解或曲解的可能性更高。團隊成員需要知道誰知道什麼樣的資訊，誰承擔什麼責任，以及如何向不同的人求助，或是當然地，如何向不同的人**提供**幫助。給予團隊成員發展這種共同理解的空間，這一點非常重要。

有一種簡單的入門方法，是在團隊會議期間，或一週內其他時段，特意地安排一段沒有規畫的自由時

間來討論廣泛的主題。給團隊空間，談論日常生活事件、家庭時光，甚至與眼前任務無關的產業新聞，這樣給每名團隊成員提供了更多進一步瞭解其他人的機會。哈斯和莫天森甚至建議，讓團隊成員在視訊通話期間，在自己房間左右移動攝影鏡頭，讓遠距團隊成員「虛擬參觀」自己的工作環境，包括自己在應付哪些干擾，以及如何保持工作效率。

另一種實現共同理解的簡單方法，是協調行事曆。團隊不受地點限制的特性讓每個人都可以自由設計適合自己的行事曆，但這些行事曆最好能有一點重疊的彈性空間。因為專案若已遲交了一整天，大家還必須一起工作，這可能會讓人厭煩。除非你們是真正全球化的團隊，那你就不必承受這種痛苦。因此，當你與團隊設定共同的期望時，引導他們做到每個人的行事曆至少有幾個小時重疊的地步，以便可以三不五時簡短地打電話討論一下，或交換一些心得。

在共同理解的同時，大家平等地使用基礎設施，

並發展對彼此技術能力的瞭解。遠距團隊依賴技術，團隊領導者的角色是確保團隊成員能夠平等使用他們協作所需的技術。想想看，創新健身公司在推出虛擬服務，並知道這樣會成功之前，需要代表員工（和客戶）考慮多少事情。同樣地，你需要弄清楚誰需要什麼東西，以及誰需要接受培訓來學會使用這些工具，並且在培訓時，不要忘了自己的電腦設定，因為當你一直忘記要先打開麥克風再發言時，很難讓虛擬會議有效進行。

　　共同的理解不僅包括資訊科技，還包括對資訊的讀取，要確保你的員工可以獲得他們需要的一切。許多公司對資訊和軟體使用採用「僅知需知」（need to know）的政策。除了人資的資訊外，大多數公司擁有真正敏感的資訊遠比他們想像中要少得多。但是，為了鎖定那一點點敏感的東西，公司通常會在不知情的情況下，封鎖了員工完成工作需要的資料。在辦公室環境中，這只是不方便而已，員工必須找到負責授予

資料權限的人，並在啟用存取權限時等待。而在遠端環境中，這可能會完全阻礙作業，因為找到對的人可能很容易，但要等他們授與存取權限可能需要好幾天（或更久），因為每個人辦公的時段不同步。

如果你不能自然地信任你的員工，那麼你要解決的問題就比是否給他們使用者名稱和密碼的問題還要大。

發展共同的理解使協調角色更容易，合作更迅速，這是召聚遠距團隊在一起，或使現有團隊遠端工作的關鍵第一步，但這不是唯一的步驟。

🔍 共同的認同感

培養共同的認同感對任何團隊都很重要，對於遠距團隊尤其如此。共同的認同感是指團隊成員對自己作為指定群體的一員有相同感受的程度，顯示個別成員是否真的覺得，這是他們歸屬和會盡力忠於的團

隊。數十年的社會科學研究顯示，每個人透過把他們的環境分門別類和貼上標籤（包括他們自己和周圍的人）來理解他們的世界。「團隊」就是這樣的一種標籤，它非常重要，因為當我們認同某個特定群體時，該群體會塑造我們自己的身分和行為。

團隊中強大的共同認同感可以減少衝突，讓行為規範標準化，增加凝聚力和協作，並最終提高團隊績效。但是在遠距環境中，一、兩個團隊成員在一起，而其他成員分散各處，這時個人的團隊意識可能會被扭曲。人類有一種「我們與他們」的思維傾向，而「我們」很容易被誤解為實際在辦公室的團隊成員，甚至是組織中碰巧在相同地點工作、但不同單位的員工。

我想到在我職涯早期的一個有力例子，當時我在一個遠端「團隊」從事業務工作。組織結構圖把我的團隊定義為我們九個人要向同一個區域業務經理報告，但是公司還有另外兩名代表和我在同一地區工作，並拜訪相同的客戶（不過，幸好他們跟我銷售不

同的產品）。在那種模糊的背景下，無法區分出我到底是哪個團隊的成員。是那個有同一個老闆的團隊嗎？還是那些因為住在同一個城市、有相同的麻煩客戶，而且對我的問題回覆得更快，我會尋求幫助的業務代表呢？

過了20年，我還是不知道這個問題的答案，但我知道是誰仍然每年都會收到我的聖誕賀卡——而且不是我以前的老闆。

刻意建立共同的認同感，可以消除這種混淆。有一種強而有力的方法不僅可以建立團隊認同，還能建立團隊成員之間的聯繫，就是指出（並持續指出）團隊的最高目標。最高目標是影響團體（或跨團體）中每個人的目標，並且需要每位受影響的人參與才能實現。它們可以是目標，但也可能是挑戰，一個除非團隊一起接受，否則就會威脅到團隊中每個人的挑戰。對於創新健身公司來說，主要目標只是確保組織能夠生存下去，但即使是現在，他們也非常倚重公司的宗

旨和價值觀，即運用個人特製的健身課表，幫助人們活出最好的人生。

對於最高目標的研究顯示，當多個團隊聚集在一起，並且任務要求他們在合作和失敗之間做出選擇時，他們更常選擇合作[15]。在這樣做時，他們選擇重新定義自己的團隊，不是原本的團隊，而是定義成從多個團隊中那個新組成的團隊[16]。而且，只要最高目標還在，這種新身分就會一直存在。

最高目標可能是在整個組織內打破部門資訊孤島和結束地盤之爭的關鍵。對遠距團隊而言，最高目標是共同認同感的祕訣。當你在討論角色和職責，或甚至只是檢查進度時，請確保你把個人努力和最高目標聯繫起來。每當你談論個人的生產力時，花點時間回頭指出你的團隊正在為此努力的更大「起因」。提醒同仁，他們的個人努力正在朝著更大的宗旨前進，並準備好分享你團隊的故事，即使是最小的成就也是朝著該宗旨邁進的里程碑。

要知道你團隊的績效目標本身，是否足以成為建立共同認同感的最高目標，這一點挺難的。這就是為什麼近年來，我與合作的公司和領導者採取了一種非正統的方法，以確保目標被視為最高目標，這一切都與我們談論更大使命感的方式有關。

🎯 共同的使命感

我們知道人們想要有使命感，而且他們想要的不單單只是他們個人的人生，他們也希望在工作中發揮使命感。但我們也必須承認，許多組織在描述使命感來幫助員工感覺**他們的**工作是非常重要這點，是常常碰到困難的。

蓋洛普著名的Q12員工敬業度調查的核心問題之一，是詢問員工，公司的宗旨或使命是否讓他們覺得自己的工作很重要。為了回應所有關於宗旨的討論，大大小小的組織都花時間來制定他們的「完美」宗旨

或願景聲明，或者這兩項都制定。

　　然而，自蓋洛普開始進行這項調查以來的20年裡，敬業員工的百分比一直徘徊在25%到30%出頭之間[17]。在我看來，這意味著組織的既定宗旨或使命與個別員工在公司的角色之間有脫節的現象。造成這種脫節的原因之一，可能是使命宣言很爛——除了股東之外，還有誰想聽到關於「股東價值」的所有內容？但這也可能是因為領導者沒有花時間溝通個別的角色，甚至是溝通特定團隊要如何協助完成任務。換句話說，公司宗旨並沒有被積極轉化為團隊的共同宗旨或共同願景。

　　隨著我與更多組織和團隊合作，幫助他們建立共同使命，我開發了一種試金石，用來檢驗組織的整體宗旨是否已經內化，我希望組織對這個問題能給出明確簡潔的答案：

　　「我們為什麼而戰？」

　　而不是「我們在和**誰**對抗？」這樣是關於競爭對

手的問題，並樹立起「我們和他們」的競爭心態，這種心態可能不會有什麼用處。「我們為什麼而戰？」可能意味著「我們試圖解決的世界上的問題是什麼？」，或者「我們正在努力解決的世界上不公義的問題是什麼？」，甚至只是「我們想證明什麼？」這樣的問題。

現在，在你認為這個想法過於激烈或老套，而不加以考慮之前，讓我直接說這我懂。幾十年來，企業一直在使用戰鬥語言，只是徒勞地試圖把員工團結起來，結果發現這樣的作用不盡如人意。但這主要是因為我們上面討論過的原因：他們把「戰鬥」的煽動言論集中在競爭對手身上，而這些對手很多時候正是組織員工剛離開的老東家或幾年後將轉任的公司。就算員工沒有換公司的情況，這樣做也沒有效果，因為這是一種短期心態。

我們談論的是長期使命感。

所以，當我問團隊：「我們為什麼而戰？」我在檢視他們是否已經把組織的既定使命在他們心中轉化

為更大的目標，甚至視為之前討論過的最高目標。因為最高目標使用簡單、精確的語言來定義組織存在的原因，而且為組織內部的人員提供了大多數人非常希望從工作中獲得的東西。創新健身公司的核心價值之一，是「我們找到了方法，沒有藉口。」當 COVID-19 危機開始時，這一句短短的話變成了全公司奮戰的標語。

在「我們為什麼而戰？」的問題中，研究顯示有三種模式或類型的「奮戰」最能激勵個人，並在團隊中創造共同的使命：

- 革命性的奮戰
- 弱勢的奮戰
- 盟友的奮戰

革命性的奮戰是為了改變現狀，這是關於指出你的組織和團隊正在努力改變業界或社會中的某些事

物；弱勢的奮戰是指與業界中知名的企業對抗，並以更好的營運方式勝出；而盟友的奮戰實際上根本與公司的奮戰無關，它是關於客戶或利害關係人的奮戰，以及你的工作如何幫助他們獲勝。

人們不想加入公司，他們想加入的是一場為了信念的奮戰。

身為領導者，建立共同使命來創造共同的認同感，甚至導致形成共同理解的最佳方式，是儘早指出這場信念的奮戰，並經常不斷地提醒人們，他們所做的工作如何推動這個目標的發展。

儘早建立這些關鍵心態將使你的團隊邁向成功，請幫助你的隊友共同理解彼此的知識、技能、優勢和情況。同樣地，引導他們共同理解彼此的期望，並呼籲團隊追求最高目標和他們為之奮戰的原因，來創造共同的認同感。你不只會讓你的遠距團隊更有效率，還會讓他們感覺彼此更親近，不管他們距離有多遙遠。

給遠端領導者的原則

當現有團隊進行遠端工作或新的遠距團隊成立時，將面臨很多挑戰和機會。但是，藉由回應這些挑戰，並利用這些機會，領導者在遠端工作時採取的行動可以為團隊奠定成功的基礎。我們給遠距團隊領導者的原則，簡要說明如下：

- 提供自我揭露的空間，促進共同的理解。
- 呼籲達成最高目標，來創造共同的認同感。
- 回答「我們為什麼而戰？」的問題，發展共同的使命感。

如果你正在尋找工具來幫助你的團隊運用這些規則，你可以到davidburkus.com/resources網站上獲得多種資源，例如模板、工作表、影片等等。

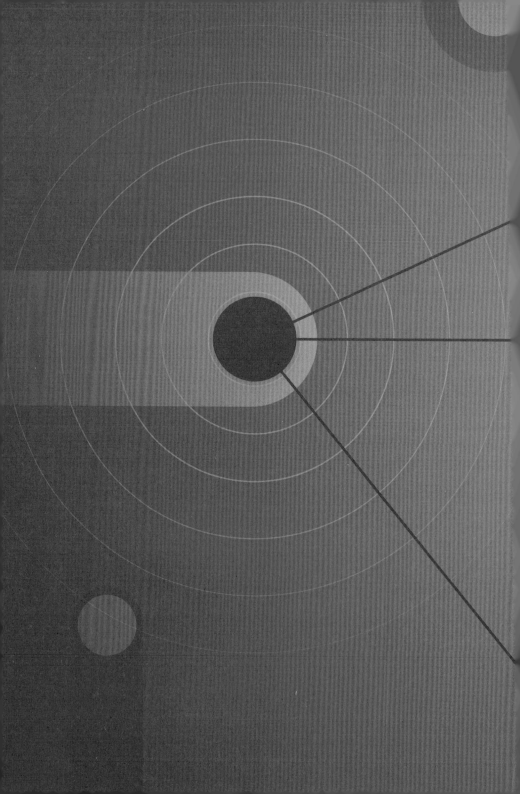

2

遠端打造團隊文化

文化是指組織內部無法藉由語言描述的信念、
價值觀、行為和規範。
一個團隊的文化會對其成敗產生極大的影響，
甚至對於你身為團隊領導者的理智會產生更深遠的影響。
幸運的是，
我們有相當多的研究可以當作打造團隊文化的藍圖。

當法蘭克・范馬森霍夫（Frank Van Massenhove）在接受面試，成為比利時社會安全部的主席時，他說出了他認為要獲得這份工作所需要說的話。他說，他會維持現狀，不會打亂太多事情，而這樣回答奏效了。他於2002年擔任該組織的主席，他所承擔的現實狀況立即震驚了他。他發現有一個被忽視的單位，分散在布魯塞爾的四棟聯邦大樓內。在其中一棟大樓裡，他的員工所用的辦公空間是從舊車庫改建而來的，只進行了最小幅度的整修。你可以開車穿過走廊，因為在放置辦公桌之前，過去那裡就是這樣的情況。對於表現不佳的公務員和在其他地方找不到工作的公民來說，這是一個沒有出路的單位。但范馬森霍夫承受的沮喪情況也是一個大好的機會，而且他從一開始就意識到了這一點。

　　「我在面試中撒了謊，」范馬森霍夫回憶說，「如果我完全誠實地說出我的計畫，那就是我不親自做所有的決定，我會賦予員工權力，如果這麼說，我是

不會被任命的。」[18] 由於安全部的表現不佳，名聲太差，沒有人抱有什麼真正的期望。事實上，根本沒有人正眼看待他們。他解釋說：「我們把部門關閉了一段時間，徹底整頓一番，然後重新上路。」

把這個單位徹底整頓，是什麼樣的情況？

第一步是給人員自主性。在過去，安全部的運作就像很多人想像中的政府官僚機構，屬於命令與控制的領導風格。關於你何時必須工作，必須用什麼樣的做法都非常鉅細靡遺，但范馬森霍夫覺得他的人員不需要這些。可能需要告訴他們該做什麼，但不需要告訴他們怎麼去做，甚至什麼時候去做。「我們都不看時鐘了，」他曾經吹噓說，「因為時鐘意味著你很有可能在辦公大樓裡。」[19] 在范馬森霍夫看來，這就是重點，現在是什麼時間和你正在工作，這兩件事不一定相關。

給予員工自主性，很快就意味著信任他們，讓他們也可以在任何自己想要的地方工作。一旦人員可以

把他們的工作延長到非一般的工作時間，反過來說，自然也會希望在哄孩子上床睡覺後，或在牙醫診所等候時，能夠工作幾個小時，並且這種念頭會愈來愈強烈。在幾年的時間裡，范馬森霍夫把一個保守的政府官僚機構，一個擠滿辦公桌的潮溼辦公室，變成幾乎完全是遠端工作的組織。在安全部聘用的1200名員工中，有1000多人在范馬森霍夫的任職期間主要是以遠距方式工作。他們會鼓勵所有員工每隔幾週到辦公室待一下，彼此關切情況。但除此之外，員工獲得信任，可以管理自己的工作時程，並在他們想要的任何一天、時間和地點工作。

所有的這些信任產生了什麼影響？

在他任職的頭三年，生產力提高了18%。此後，持續以平均每年10%左右的速度上升。這個政府部門的病假天數是比利時所有政府部門中最少的，而且幾乎沒有疲勞過度的現象。在沒有實行任何正式的性別政策下，該部門還贏得了性別平衡領導獎，因為部門

裡的各個層級都有更合乎比例的兩性人數。更重要的是，這個部門在大多數公務員的心目中，從沒有前途的單位變成大家最嚮往的工作場所。在范馬森霍夫接管之前，該單位平均每個空缺職位只有三個人申請。到他的任期結束時，同一個職位空缺有近60個人搶著申請。

吸引所有這些新血並激勵他們提高工作效率的，並不是遠端工作這個因素。當然，這有所幫助，但更重要的是，是范馬森霍夫在該部門內部建立的文化，或者更準確地說，是重建的文化。「我們提供的證據證明，以自由和信任為基礎的文化確實有效，」范馬森霍夫說，「我們做同樣的工作，但我們做的方式卻不同。」[20]

范馬森霍夫試圖在該部門內部打造蓬勃發展的組織文化，結果該部門轉變為一個遠端工作的組織。但是，即使你的團隊已經是遠端工作了（甚至已經實行好一段時間），建立（或重建，視情況而定）合適的文

化，這個基本步驟也可能是造成你的團隊蓬勃發展與否的差別。因此在本章中，我們將介紹團隊文化蓬勃發展的組成條件，並提供幾種策略，讓你可以在遠距團隊中建立（或重建）這種文化。

🕐 當我們談論文化時，談論的是什麼文化

一家公司的文化似乎很難準確指出，但我們每天都在經歷，這對我們正在做的工作和個人在組織中角色的感受有很大的影響。公司的文化反映了其員工的主要思維和行為方式，但也涉及公司員工每天如何對待彼此。隨著從進公司的團隊轉向遠距團隊的情況增加，原本公司文化（自上而下）會有的主要影響變得不那麼重要，而個別團隊文化的重要性則在增加。這意味著，身為遠端領導者，建立文化的重擔落在了你身上。

　　幸運的是，我們現在對打造最佳團隊文化所需的關鍵要素有了可靠的研究。

　　2015 年，谷歌的人力分析（People Analytics）團隊提出一個目標遠大且艱鉅的問題：「為什麼有些團隊的表現比其他團隊更出色？」谷歌人（人們這樣稱呼他們）與世界上一些最優秀的組織心理學家和統計學家合作，展開了有史以來規模最大的團隊研究之一。起初，他們認為這取決於團隊裡有哪些人，只要讓合適的人待在合適的崗位上就可以了。但是當涉及到人員時，這些研究資料並沒有產生任何明顯的可循模式。這無關乎個別成員多有才華，或者是否擁有適合的技能、能力和知識的結合。「我們研究了整間公司的 180 個團隊，」[21] 幫助谷歌這項專案的負責人阿比・杜貝（Abeer Dubey）解釋說，「我們有大量資料，但沒有任何資料顯示特定的個性類型、技能或背景的組合會有什麼影響，綜合因素中『人』的部分似乎並不重要。」

但是，當研究人員把注意力從團隊的特質，轉向團隊慣有的行為、傳統和規範（換句話說，團隊的文化）時，他們開始發現真正可循的模式，能夠解釋績效最好的團隊與其他人之間的差異。總結來說，他們發現團隊文化的五個要素[22]，似乎可以解釋最棒的團隊是如何成為最棒的團隊：

- 可靠性：團隊成員對共同期望負責的程度。
- 組織結構和清晰度：團隊分工和參與的規則是否明確。
- 意義：團隊覺得他們的工作有多重要。
- 影響：團隊認為他們的工作帶來多大的影響。
- 心理安全：團隊覺得彼此之間，可以表現出多少脆弱和真實的一面。

其中有些內容我們已經介紹過了。在上一章中，瑪婷·哈斯和馬克·莫天森發現，當虛擬團隊沒有形

成共同的理解和共同的期望時，他們很難發揮成效。
（換句話說，這種團隊缺乏可靠性、組織結構和清晰
度。）而我自己的研究顯示，當團隊能夠回答「我們
為什麼而戰？」這個問題時，他們的組合最有效益（此
時他們根據正在做的工作，發展出共同的意義和帶來
影響的感覺）。但我們還沒有探索第五個要素：心理
安全，這點對促成團隊文化蓬勃發展極為重要。

那麼，當我們談論心理安全時，是在講什
麼？該主題最重要的研究員艾美・埃德蒙森（Amy
Edmondson）把心理安全描述為，「一種以人與人之
間的信任和相互尊重為特徵的團隊氛圍，在這種氛圍
中，人們可以安心地做自己。」[23]

在一項實驗中，埃德蒙森檢視了一家醫院不同樓
層護士長的領導能力，並注意到被團隊評比為領導力
更佳的護士，被記載的錯誤率卻通常高出領導力評比
較差的護士。但當她開始進一步調查時，她很快就找
到了解釋。這與錯誤無關，而是在於文件紀錄。更好

的領導者創造了心理安全，讓所負責病區的護士可以沒有牽掛地承認錯誤，並接受糾正，然後大家都可以從錯誤發生後的學習中受益。當較差的領導者沒有創造足夠的心理安全時，護士就覺得必須隱藏自己的錯誤。除了道德問題，隱藏錯誤也意味著這些團隊被剝奪了學習的機會。

心理安全是衡量團隊中成員和團隊分享想法、經驗和完整自我的自由程度。心理安全有助於團隊成員更願意提出瘋狂的想法，這些想法可能會帶領團隊走向不同的方向，但最終會帶來令人驚豔的結果。

那麼我們如何在團隊文化中建立心理安全呢？如果我們回顧一下埃德蒙森的定義，心理安全似乎取決於兩個關鍵要素：

人與人之間的信任和相互尊重。

如果你想在你的團隊中建立心理安全的文化（既然我們剛剛確定它是團隊文化蓬勃發展的最後一個要素，想必你會想建立的），那麼你必須專注於營造出

信任和尊重的氛圍，讓我們逐一探討這兩個概念。

信任

心理安全的第一個組成部分是信任。我知道這種說法現在可能聽起來是陳腔濫調，因為你已經太常聽到，但在某種程度上，這突顯了公司和團隊要有健康、高效的文化，核心要素就是信任，這一點是多麼真實。如果團隊成員彼此信任，並信任他們的領導者，那麼幾乎所有事情都會進行得更順暢。對高信任度組織的研究顯示，與低信任度組織相比，前者的工作壓力減少74%，工作幹勁增加106%[24]。他們的投入程度提高76%，工作效率提高50%，病假天數也減少13%。而在高信任度組織工作的人，對生活的滿意度提高26%，疲勞過度的現象降低40%。

我們都聽說過信任的重要性，但難就難在如何在團隊中實際建立信任。無論是否是遠端工作，信任常

常讓人感到沮喪，因為它是無形的，你如何衡量團隊中的這種素質？你怎麼知道你的團隊有信任？事實證明，我們很難理解信任，很可能是認為信任是一種感覺或情感。

但信任是一種化學物質。

具體來說，當大腦和血液中有較多化學催產素時，人類就會感到信任。催產素是由你的身體自然產生的，如果你想打破砂鍋問到底，它是一種肽，是一種鏈狀的胺基酸聚合物。事實上，它的俗稱為「抱抱荷爾蒙」（bonding hormone），因為它會在你建立密切關係的活動時釋放出來。當母親分娩或餵奶時，催產素會增加。當我們擁抱、觸摸，甚至與他人一起吃飯時，催產素會增加。當催產素釋放時，我們的心跳會降低，呼吸會減緩，壓力荷爾蒙也會減少。有趣的是，這時我們大腦的注意力、記憶力和辨識錯誤的能力會提高。由於所有這些原因（以及其他原因），研究催產素的科學家認為，它不僅可以減少恐懼，還可以

增加人與人之間的信任。

在一項研究中，研究人員保羅・扎克（Paul Zak）想研究增加受試者的催產素，是否會增加他們對信任的感覺，以及他們在與其他人接觸時，是否會以令人信賴的方式行事[25]。為了做到這一點，扎克和他的團隊修改了經濟學家常做的實驗室實驗：投資賽局。在基本的實驗版本中，兩位受試者會被隨機配成一組，而且不知道對方是誰。實驗中的受試者甲會得到十美元，並且研究人員告訴他可以給受試者乙任何金額，包括零美元。兩名受試者都被告知，不管給出多少錢，對方都會收到三倍的金額。因此，如果受試者甲送五美元給受試者乙，受試者乙實際上會收到15美元。在最後的步驟，受試者乙被告知，他可以把任何金額送還給受試者甲，包括零美元。（這就是實驗名稱中「投資」部分的由來，受試者甲正在對受試者乙「投資」，並相信對方會帶來正面的報酬。）

從邏輯上來講，這個賽局應該不會產生投資。受

試者甲被要求相信他未曾謀面的受試者乙會送還新增三倍金額中的一部分。不過，受試者乙也可以很輕易地拿到錢就走人。受試者甲應該會料想到這一點，因此一拿到錢，先走人再說。

但這種情況很少發生，因爲人類是會相信他人的物種，這就是扎克和他的團隊發現的結果。當受試者以不同金額的投資完成遊戲後，他們被帶到一個房間抽血，測量血液中的催產素。令人驚訝的是，扎克發現，受試者做出的投資選擇與他們血液中的催產素濃度相關。催產素濃度愈高的人，就愈信任他們在賽局中的夥伴。而且受試者甲愈是信任受試者乙，受試者乙會愈感到被人信任，並以同樣方式做出回應。「當有人信任你時，催產素就會上升，」扎克解釋說，「進而促進信任。」[26]

因此，信任不一定是靠別人給予，或是努力掙得的，而是兩者都有。

信任是互相的。

　　在帶領遠距團隊，或任何團隊的背景下，建立信任意味著創造機會讓個人感到被信任，並以會信任他人的方式行事。領導者應該首先嘗試在小範圍內創造這些機會，因為他們知道隨著團隊繼續合作，長期下來將增進他們的信任感。從小地方起步，先做再說。證明你相信你的團隊能夠在不受持續監控的情況下，完成他們的工作（稍後我們會更深入地說明），他們會感到被信任，並以同樣方式做出回應。可以公開分享你的想法和疑慮，你的團隊會因你的脆弱而覺得你信任他們，並會以同樣方式做出回應。你若承認錯誤，你的團隊會覺得他們可以信任你，並向你承認他們的錯誤。你對績效問題負責，你的團隊會覺得他們也能做到，而不是推卸責任。

　　信任是促進心理安全的重要因素。但另一個同樣重要的因素，是確保你的團隊在每次互動中都表現出尊重。

尊重

信任是指我可以與你分享真實自我的程度，而尊重是指我覺得你接受那個自我的程度。如果我信任你，就意味著當我分享時，我會對你敞開心扉。如果你尊重我，就意味著你重視我分享的東西。

不幸的是，儘管它對組織的影響極大，但工作場所的尊重——或者至少在工作場所感到被尊重——程度低得令人震驚。在2013年針對2萬多名工作人員的調查中[27]，喬治城大學（Georgetown University）教授克莉絲汀·波拉斯（Christine Porath）和研究員托尼·施瓦茨（Tony Schwartz）發現，54%的受訪者聲稱他們沒有經常得到領導者的尊重。這種缺乏尊重的情況會轉化為更低的參與度、人員流動率增加、專注力和生產力降低、意義和重要性的感覺減少，甚至為組織帶來更高的醫療成本。事實上，領導者對員工的尊重，是最能影響員工成果的變因。領導者對員工的尊

重之所以如此重要，部分原因在於它具有傳染力。

尊重是一種經由學習而得來的行為。

波拉斯的研究發現，無禮和粗魯的行為會蔓延至所有人。早上目睹不尊重人的行為會暫時使我們的情緒變差，但它也會降低我們一整天的表現，並使我們更有可能有意或無意地對其他人表現出粗魯的行為[28]。負面情緒會從負面行為中蔓延出來，並擴散至整個群體，或者，在我們的例子中，影響到整個團隊。好消息是，正面情緒和正面行動似乎具有相同的傳染力。這意味著建立尊重文化的最佳方式，是為團隊中的每名成員樹立尊重的榜樣，尤其是當團隊成員看著你與他人互動時。

事實上，在波拉斯調查的員工中，有很大一部分的人表示，他們自己行為失禮的原因，是他們在組織中沒有樹立行為標準的榜樣，他們只是在模仿他們失禮的領導者。但是，工作場所中失禮行為最常見的原因更令人震驚，而且最終會帶來反效果。在波拉斯進

行的一項研究中，超過60%的受訪工作人員把「沒空」當作他們忽視禮儀和無禮行事的主要原因。他們只是工作量太大了，所以就「沒空客氣」。

波拉斯本人很快指出，這是一個空虛的藉口。不管怎麼說，尊重是指你在互動中的言行舉止。對人有禮貌並不需要什麼額外的時間，只需稍微自覺地注意你的互動方式，這將為你省去很多麻煩。如果你想一想最近幾次涉及新想法、意見和回饋時的互動，當有人的意見與你的不同，你的立即反應是反擊或挑戰對方嗎？不同意別人的想法，這是完全可以接受的，但要確保你表現出你確實傾聽並理解他們的觀點。如果你想改變他們的想法，請給他們更多有關正在討論的概念的資訊，而不是質疑他們資訊的有效性。後者不僅會讓他們感到不受尊重，而且可能不會改變他們的主意，他們會進一步退回自己的觀點。如果他們在得到新資訊後，仍然不同意你的觀點，請選擇好奇面對，而不是衝突。與其反駁，不如提出問題來幫助你

更理解和深思他們的意見。這些簡單的意見交換能讓溝通管道保持暢通，使你們免於日後更大的分歧。

在即時對話中，請用心去感受並專注於對話。在視訊通話時，這表示務必讓對話視窗置頂，請與他人互動，並盡可能多做眼神交流。（我們將在幾個章節中詳細介紹遠距交流。）在電話中，這意味著要格外小心，不要在別人說話時，還繼續說個不停或打斷他人。如果沒有明顯的線索，很難知道別人何時真正表達完他們的想法，還有何時他們只是停頓要喘口氣。因此，要留意那種延長的停頓，或者更好的是，等他們問你對他們剛才所說的話有什麼看法。當你說話的時候，要確保你納入了上一段的所有內容。這些小舉動會產生極大的正面影響。當人們感到被人傾聽和理解，覺得受到尊重時，他們更有可能與整個團隊分享新想法，接受別人對他們表現的回饋意見，並對團隊其他成員表現出有禮貌的行為。而在遠距團隊中，即時對話的頻率要少得多，所以這些小舉動會變得很重要。

最後，也許是最重要的一點，請向可信賴的同事尋求回饋意見。很多人無法察覺自己最具攻擊性的輕蔑行為，這是人性的一個奇怪特質。因此，在參加可能討論會變得激烈的會議之前，請讓你信任的隊友觀察，並回報任何可能被誤解為不尊重的事情。甚至更好的是，讓那個人也記錄下你表現最好的時候，比如你在要打斷別人說話前，就先察覺自己有這種情況；或者你在聽他們說話時，看著對方的眼睛。比起你試圖要糾正所有沒有察覺到的壞習慣，如果在做得好的事情上加倍努力，後者可能會讓你更快地成功。

　　長期下來，在你團隊中的每個人都會效仿你重視有禮貌的行為。如果無法做到，那麼你正好有充分的理由讓那個造成問題的人，離開團隊，到新團隊去表現他的無禮。

　　相互尊重的環境加上團隊成員之間的信任感，是建立心理安全感的穩固基礎，而心理安全是正面

文化的基石。如果你把這一點與共同的理解、共同的期望，以及對「我們為什麼而戰？」這個問題的堅定回答，全部結合起來，你就可以順利地創造蓬勃發展的團隊文化，讓你的團隊保持高效、投入，而且老實說，這樣領導起來非常有趣。

🔘 給遠端領導者的原則

你的團隊文化將對他們的整體合作和績效產生極大的影響。在建立蓬勃發展的企業文化方面，我們給遠距團隊領導者的原則，簡要說明如下：

- 心理安全是團隊文化蓬勃發展的核心要素。
- 心理安全建立在信任和尊重的基礎上。
- 信任是互相的。
- 尊重是一種經由學習而得來的行為。

如果你正在尋找工具來幫助你的團隊運用這些建立正面文化的規則，你可以到davidburkus.com/resources網站上獲得多種資源，例如模板、工作表、影片等等。

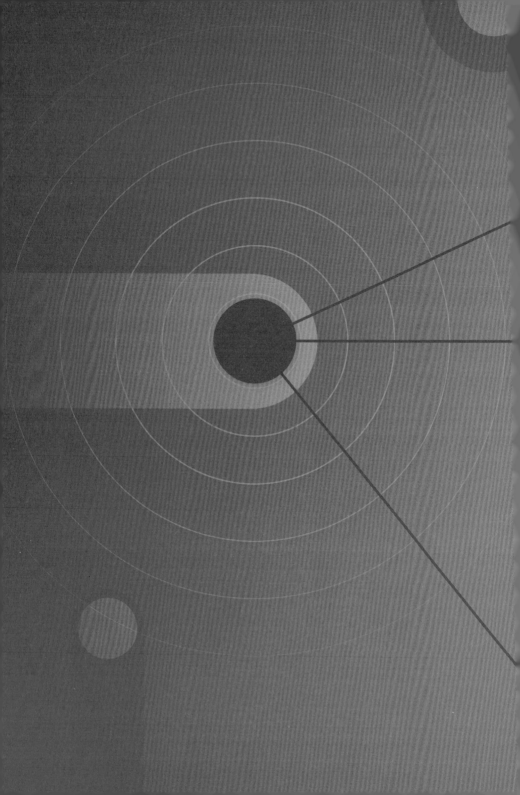

3

招聘遠距團隊成員

你已經讓你的團隊遠端工作，並建立了心理安全的文化，
但是下次有職缺時，
你聘用的人將影響你的文化是否保持這種氛圍，
並且對團隊績效產生同樣大的影響。
請確保你選擇的人選不僅具備工作所需的技能，
而且具有適合團隊的合作、溝通和積極的習慣。

你可能從未聽過Automattic這家軟體公司。但是，你有可能今天已經在某個時間點使用了他們的產品。（當然，除非你早上第一件事是看這本書，如果是這樣：早安，謝謝你讓我成為你起床慣例的一部分！）這家公司的主要產品是部落格平臺WordPress，是網路上超過1/3網站的架設工具，客戶從小型個人部落格到《TechCrunch》、《People》和《Vogue》等知名出版商[29]。但Automattic不僅僅以WordPress聞名，它還以其獨特的招聘方式出名。

Automattic由馬特・穆倫維格（Matt Mullenweg）和麥克・李托（Mike Little）於2005年創立，目前在77個國家有1200多名員工，涵蓋93種語言[30]。這些員工絕大多數都是遠端工作，他們都經歷過一個招聘流程，這個流程讓執行長穆倫維格備受矚目。

Automattic的員工會「試做」他們的職務[31]。

當穆倫維格第一次成立公司時，他以傳統的方式招聘人員。他會面試應徵者，並將他們安排在團隊

中，或者有時讓潛在的新員工與目前員工組成的小組會面。但每當一名員工被證明與團隊不契合時，穆倫維格就對這個過程愈來愈失望。「當我們在Automattic聘用某人時，」穆倫維格在接受《哈佛商業評論》（*Harvard Business Review*）採訪時說，「我們希望僱傭關係能夠持續幾十年。」[32]但是，一度有多達1/3的新員工不適應，並在被僱用後不久就離開公司。顯然，傳統的面試過程並沒有帶來長久的關係。

因此，穆倫維格把目光投向他現有的員工，並花時間嘗試不同的方式來挑選最契合和可以任職最久的人員。最後，強大的溝通技巧似乎是致勝的特質。若以為主要是遠端工作的公司就代表著大多數員工都安靜地工作，只在必要時才進行交流，這是一種誤解。在分散式團隊中，溝通和合作變得**更加重要**。而不光是溝通工作的最新進展，或對共享檔案發表意見，接收和回應對自己工作的回饋意見是公司每個人都需要的一流技能。

長期下來，穆倫維格發現，找到溝通能力良好，以及願意接受回饋意見的人員，最佳方法是讓他們與未來的同事一起工作，並給他們一個試做期。因此，雖然Automattic的招聘流程一開始看起來很正常，但很快就變成了完全非傳統的事情。應徵者的履歷經過審查，那些看起來合格的人將接受第一輪面試。接著，如果應徵者看起來很吻合職缺，他們就會被安排到專案團隊中，並開始工作。

他們被安排在真正的團隊中，並從事實際的專案。他們獲得進行實際工作所需的權限、登錄帳號和資料取得許可。工程方面的應徵者開始編寫實際的程式碼，這些程式碼可能最終出現在最終產品中；設計方面的應徵者為公司的眾多產品進行實際設計；客服應徵者會回答客戶真實的疑難雜症。

因為這是一家遠距公司，這些應徵者在一天中的任何時間都可以遠端工作，這是一個非常大的優點，因為許多應徵者還在希望能盡快辭職的現任崗位，趁

著上班時間前或下班時間後從事試做的工作。所有應徵者都獲得符合市場行情的鐘點薪資，公司這麼做不是為了要讓應徵者免費替他們工作，而是為了評估應徵者工作的情況。

試做時間的長短可能因應徵者、專案和團隊而不同。這並不是要判斷成品的品質，因為要求非正職人員達到在職員工的績效標準，有失公允。相反地，只要能讓應徵者對公司有準確的感覺，公司對與應徵者一起工作也能有準確的瞭解，如果有需要，試做的時間可以一直持續下去。「試做可能並不完全是應徵者被錄用後將從事的工作，但是我們還會考量他們工作之外的很多事情，」穆倫維格解釋說。

在試做結束時，公司會蒐集和應徵者一起工作的人員的回饋意見。如果回饋意見是正面評價，而且這個人看起來很契合，那麼就會錄取。雖然穆倫維格認同應徵者與團隊合作的程度是最重要的，但長久以來，他都會撥出時間去面試每一位通過試做的應徵

者，他仍然想見見應徵者，確定他們能夠與他溝通順利，所以他在線上聊天室進行了最後的面試，因為一旦他們成為 Automattic 的一員，他們大部分都會透過文字來溝通。

乍看之下，透過試做來招聘似乎很新奇和不尋常。但是，試做已經以某種形式存在很久了。如果不是讓未來的應徵者有機會在公司試做，看看他們是否契合，那實習算是什麼？試做是一種投資，雖然進行一些視訊面試和用電子郵件寄送錄取信會容易得多，但這樣的投資回報是值得的。在轉成用試做的方式來招聘後不久，最後無法適應的人的比率下降到只有 2%。在 Automattic，「加入招聘小組是一種榮幸，」穆倫維格說，「公司中的每個人都體認到，在你可以做出的最重要決定裡，其中一項就是你可以決定讓誰加入團隊。」

試做的核心是給團隊機會，找到你需要知道的，關於潛在遠端隊友的三個問題的答案：

- 他們會與人合作嗎？
- 他們會與人溝通嗎？
- 他們是否積極主動？

無論你的招聘過程包含試做，還是看起來徹底不同，每當你考慮在團隊添加新人時，這三個問題都應該是你優先考量的事項。

他們會與人合作嗎？

在過去的100年裡，隨著我們從工業型工作轉向知識型工作，許多人認為協同工作將變得不那麼重要。畢竟在工廠裡，工作人員要一起從事生產。在辦公室或遠距團隊中，生產的方法則是在每個員工的腦袋裡，因此可能很容易假設這種工作適合獨自進行。但是，在遠端工作方面，現實情況是協作對於個人和組織的成功更為重要。

長期以來，我們一直認為個人表現是個人知識、技能和能力的結果。但是，我們研究愈多，就愈發現事情並沒有那麼簡單。協作和團隊動態對個人表現有重大影響。這方面最值得注意的證據，是哈佛商學院教授鮑瑞思·葛羅伊斯堡（Boris Groysberg）對投資分析師的研究。投資分析師研究某個行業，有時甚至只是一組公司，然後做出報告供機構投資者使用，讓他們決定在投資組合中要做出哪些決策。

　　葛羅伊斯堡看到投資銀行會激烈地搶奪頂尖分析師人才，在某些情況下，分析師寫出的報告若被投資者倚重，會被評為最有能力的分析師，投資銀行會對這類分析師提供七位數的薪水和六位數的簽約獎金。從邏輯上講，分析數據和做出這些報告應該是相當獨立的任務，需要你過去的知識和發現趨勢的能力，而不需要太多其他的東西。因此，葛羅伊斯堡和他的團隊開始追蹤明星分析師接受了這些利潤豐厚的工作機會後，從一家公司跳槽到另一家公司時的

情況。研究人員總共蒐集了超過1000名分析師、歷時九年的數據，這些分析師獲得業界頂尖交易出版物《機構投資者》（*Institutional Investor*）的認可，葛羅伊斯堡和他的團隊就特別注意那些在獲得殊榮後跳槽的分析師。

他們的發現令人驚訝。當分析師被認為是同行中最有才華的人，並且這種認可帶來了工作機會和跳槽，但他們的才華似乎並沒有跟著轉移。相反地，他們的績效下滑了。平均而言，那些換了工作的人績效下降了20%，而且在大多數情況下，即使在新公司工作五年之後，他們的績效仍然維持在較低的水準。此外，當這些分析師更換團隊時，他們似乎也拖累了新團隊的績效。

但是葛羅伊斯堡和他的研究人員發現有一種類型的工作變動不會對績效產生如此的負面影響，那就是：整批挖角，這也是理解團隊契合度和協作為何如此重要的關鍵。「整批挖角」是一個業界術語，表示公

司不只僱用一名分析師，而是僱用整個團隊。當整個團隊跳槽時，團隊整體並不會出現單獨跳槽者績效下滑的情形。從葛羅伊斯堡研究的團隊成員流動情況來看，他估計，多達60%的個人績效，實際上是出於公司可以提供的資源和所屬團隊的結果。

人才來自團隊。

如果你想讓人員充分發揮能力，你需要確保他們與將要加入的團隊合作得最好。這就是穆倫維格和Automattic要進行試做的原因，也是為什麼你需要建立一個系統，測試與應徵者的協作情況。如果你無法進行試做，至少盡量讓更多的現有團隊成員參與面試過程。尤其是在遠距團隊中，這個新員工不會像是直接接受命令、**為你**效力的員工，而是像獨立工作的隊友那樣，**與你**一起合作，實現互利目標。因此，讓要與新員工一起工作的同仁來決定錄用的人，是說得通的。

以下幾個問題你可以加到面試中，以瞭解應徵者

在團隊中的情況：

- 你理想的團隊是什麼樣子？他們互動的頻率如何？他們如何對待彼此？
- 你認為自己在哪種文化中工作表現最好？
- 在你上一個團隊，工作情況是什麼樣子的？
- 你是否曾經在合作不順利的團隊中工作過？是什麼樣的情況？

比較**所有**應徵者對這些問題的答案，並與你當前團隊的回答進行比較。這樣做至少會提供一些資訊，讓你想像每名應徵者在團隊中的工作情況。

🕭 他們會與人溝通嗎？

　　談完了協同合作，溝通可能是影響你的團隊和新員工成敗的第二重要因素。這對於進辦公室工作的世界來說是如此，現在在遠端工作的世界中更是如此。2017年，克里斯多夫‧李德爾（Christoph Riedl）和安妮塔‧威廉姆斯‧伍利（Anita Williams Woolley）研究了解釋遠端工作團隊成敗的因素[33]。在一項對照研究中，他們從50個國家招聘了260名軟體人員，並將他們隨機分為52個五人小組。他們給每個團隊分配了完全相同的任務：開發一種學習演算法，可以為太空飛行的醫療包推薦理想的內容物品。

　　為了激勵團隊取得更好的表現，他們對一半的團隊提供現金獎勵，以獎勵他們做出最優質的工作。雖然這筆錢激勵了許多團隊更加努力工作，但對他們最終產品的整體品質並沒有影響。相反地，整體品質只歸結於一個因素。你猜到了：溝通。

　　團隊是否建立起溝通的節奏，實現最大協作和最大單獨專注時間，是影響團隊產生最佳品質工作可能性的關鍵因素。具體來說，那些建立起李德爾和伍利所謂「突然式」溝通的團隊表現最好。他們把突然式溝通定義為，當情況重要時，會出現即時、同步的對話，以及會有非同步的溝通，好讓人員之後可以有專注的時間。知道何時使用哪種溝通方式，似乎是取得出色表現的關鍵。

　　我們將在後面幾章中介紹更多關於溝通的證據和最佳做法。現在我們需要知道，應徵者在維持遠端溝通方面的能力，以及他們的溝通偏好與我們團隊現有方法的配合程度。這使得視訊面試優於當面面談，並使穆倫維格用聊天室面試的案例更加有力。如果團隊90%的溝通都是透過文字的聊天方式，那麼文字溝通是比視訊面談更相關的環境。如果你用視訊進行面試，你可以考慮提出幾個問題，並要求應徵者用簡短的影片錄下答案。這不僅讓你從應徵者當中更容易進

行評估，而且還展現他們簡短溝通想法的能力（如果他們無法簡短地與人溝通，也可以展現他們遵循指示的能力）。

在許多情況下，這也意味著在跨入科技時代前，有一項企業殘存下來的東西對遠端工作有新的意義。

沒錯，我們要恢復求職信的功用。

求職信曾經是應徵工作的重要元素。在以前，當你根據報紙上模糊的職位描述寄送履歷時，這是你唯一的機會，讓收發室人員知道要如何分發履歷，讓招聘的主管知道為什麼他們在看你的履歷時應該放慢速度。但是，在履歷用線上上傳方式來應徵的時代（因此履歷被永久分類和儲存），許多組織不再使用求職信（許多進展較緩慢的組織仍在使用）。但現在，求職信是一瞥遠距團隊應徵者溝通能力的最佳機會。

深入瞭解求職信可以幫助你判斷應徵者是否有很強的寫作能力，以及他們是否可以提出理由——為什麼他們是合適的應徵者。這關係到他們如何為應徵這

份工作提供充分的理由，以及他們的思路是否容易理解，而求職信是他們第一次被要求為你和你的團隊做的事。

重要的不是他們對英語的掌握能力，甚至不是他們查閱同義詞辭典的能力。重要的不是用詞的語法正確。重要的是，應徵者的用詞適合你現有團隊的情況。如果你的團隊使用的表情符號比副詞多，那麼你的理想應徵者可能不是擁有英語文學碩士學位的人（當然，除非她的論文是關於日常使用的表情符號）。因此，你可以在面試（用視訊或文字）中提出以下幾個問題，來衡量應徵者的溝通偏好是否符合你團隊的現有風格：

- 你希望如何與團隊成員保持聯繫？
- 你比較喜歡哪種溝通方式？
- 告訴我某次同事完全誤解你的經歷，你是怎麼解決的？

• 在上一份工作中，你主動聯繫團隊成員或主管的頻率如何？

請記住，目標不是找到答案最好的應徵者，而是找到現有溝通偏好與你團隊相符的應徵者。（當然，除非你的團隊遠端溝通的方式有問題。在這種情況下，我們將在第五章解決這個問題。）

🕐 他們是否積極主動？

僱用遠端應徵者時，要考慮的前兩個因素與他們和潛在新團隊合作的情況有關。但是大部分遠端工作都是單獨工作，因此積極主動的能力仍然很重要。還記得我們在前言中檢視過尼可拉斯・布魯姆和攜程的研究嗎？該研究有一個部分我們還沒有講到。

經過九個月的在家辦公試驗期，攜程發現，遠端人員的表現優於現場的同事，所以決定實施遠端工作

政策 [34]。除此之外，他們沒有讓主動要求加入研究的人隨機分配到現場或遠端小組，而是讓遠端員工可以選擇返回辦公室或待在家裡；他們還為現場的員工提供在家辦公的選擇。許多遠端員工選擇回到辦公室的環境，而許多現場的員工選擇遠端工作。

生產力也進一步提高了。

事實證明，只有當員工**真的**想在家辦公時，遠端工作才會提高他們的工作效率。如果他們嘗試遠端工作的生活方式，但發現要積極主動太困難了，他們就會回到辦公室，並提高了工作效率。同樣地，如果他們不喜歡在辦公室工作，並且覺得自己夠積極主動，可以遠端工作，那麼轉為在家裡工作也會讓他們更有效率。該研究的結果似乎相當簡單，但突顯出在招聘任何類型的遠端工作時會被忽視的一點：

人們在不被監視的情況下工作的好壞，對他們在不被監視的情況下如何工作有極大的影響。

我知道，這聽起來像是你讀過最不令人意外的一

句話。但不幸的是，許多進辦公室團隊的招聘流程並沒有真正檢視積極主動的特質，因此對於遠距團隊來說，這樣的招聘流程效果會更差。當積極主動的話題出現時，問題往往是籠統的「你有多積極？」，這樣的問題目的是要弄清楚公司現有的獎金制度是否適合這位新應徵者。（而且，我們也很少會重新檢視公司獎金制度是否適合我們現有的員工，不過這種抱怨都夠用來寫一本書了。）相反地，我們需要檢視應徵者是否有在完全沒有外部影響的情況下付出龐大努力的經驗。

要瞭解應徵者是否夠積極主動可以遠端工作，有一個好方法是檢視他們過去的工作成果。如果他們以前曾在遠距團隊工作，並且表現得很好，這就強而有力地顯示他們能夠自己積極工作。但如果他們沒有在遠距團隊工作過，還是有其他線索可循，他們是否曾當過自由工作者、約聘人員，或擁有自己的企業？即使最終他們這些工作沒有成功（可以放心地這樣

假設，因為他們正在找新工作），也會有非常多種原因，而且可能與工作道德無關。但從事這類工作的經歷，可能教會他們如何在無人看管的情況下工作。

如果他們從未遠端或獨立工作過，那麼值得檢視一下他們生活中其他必須從積極主動中吸取經驗的方面。他們有哪些嗜好？那些通常是集體的嗜好，還是單獨進行的？他們一直在努力發展哪些新技能？他們在發展新技能的艱辛下堅持了多久？你不是在尋找簡單的是或否的回答，你反倒要尋找有關他們過去經歷的故事，以及在沒有人幫忙時，他們如何振作自己和工作，你要尋找的是這類的線索。

為達成這個目的，你可以在面試中增加以下幾個問題，檢視他們積極主動的能力到底有多強，以及是否足以在遠距團隊中有良好的發展：

- 你如何安排你的日常工作？
- 你獨自工作時，如何保持幹勁？

- 告訴我一個你獨自負責的專案，結果如何？
- 你在工作時，如何限制周圍的干擾？

光是知道應徵者想在遠距團隊中工作是不夠的。很多人認為遠端工作的生活方式很吸引人，他們過分著重在「遠距」這個詞，而對「工作」這個詞不夠重視。這些問題的目的，是評估當他們沒有定期與團隊聯繫時，他們的工作效果如何。我們想知道在沒有主管監督的情況下，他們如何激勵自己工作。（而且，不可以，你絕對不應該打算從遠端監視他們。）

🕐 跳過腦筋急轉彎

在招聘方面，還有一件事。你可能已經注意到要問的問題清單上**沒有的東西**：腦筋急轉彎。大約在1990年代中期，出現了這種奇怪的趨勢，會在求職面試中要求應徵者解謎語或謎題，應徵者會被問到以下

問題：

- 為什麼路上的人孔蓋是圓形的？（這樣人孔蓋才不會掉進孔洞裡。）
- 芝加哥有多少名鋼琴調音師？（根據工商電話簿，有83名，但不是要你去查，用猜的就好。）

　　這些想像中的謎題甚至在2000年代初期被編寫成一本書，書名為《如何移動富士山》（*How Would You Move Mount Fuji?*）。這本書的目的是教人資主管如何將這些謎語納入面試中，但主要是提供應徵者答案。

　　這些類型問題背後的初衷可能是崇高的，其想法是，你可以瞭解潛在應徵者的思考過程，或者至少知道他們有一個思考過程。但最近的研究顯示，這對於分辨應徵者的能力基本上沒有用。事實上，2008年對700多名參與者進行的一項研究顯示，這些腦筋急轉

彎問題可能顯露的唯一一件事，就是人資主管提出問題時膨脹自大和虐人的程度。

因此，要徹底地捨棄腦筋急轉彎。如果你仍然很想問這些問題，請讓其他人來做招聘的工作。

🌑 新進員工的入職培訓

在結束本章之前，我們應該快速瀏覽一下入職培訓。一旦你做出錄取決定，當你沒有親自迎接他們的優勢時，你如何讓團隊的新成員入職？雖然入職培訓往往是由人資和法務部門推動的過程，但最近許多研究顯示，這些因素實際上是新團隊成員成功中最不重要的一環。

巴布森學院（Babson College）的凱思・羅拉格（Keith Rollag）帶領了一項關於新進員工的研究，發現大多數公司對員工入職培訓採用資訊密集的方法，這對新員工成功的預測度，遠不如此人與來自不同部

門的大量同事快速建立聯繫的能力，這並不是說入職培訓不重要。在大多數情況下，它們是必需的。但是，正如羅拉格和他的同事的解釋，「我們的研究發現，文件紀錄和培訓從來都不是員工成功的差異化因素」。

　　所以，**優先建立聯繫而不是文件紀錄**。你必須完成行政的作業，但這不需要犧牲到你與新團隊成員之間，或新員工與團隊其他成員之間建立聯繫。你可以為整個團隊安排一次歡迎視訊聊天，與新同事見面和打招呼。如果不能選擇同步溝通，請讓每名現有團隊成員寫下並發送簡短的歡迎詞，以及他們很高興看到新員工加入團隊的原因。這可以是一封電子郵件，但若是一連串的影片就更好了。如果你按照上述流程，那麼許多現有團隊的成員已經在面試過程中見到了這位新人。因此，請團隊分享他們印象深刻的事情。你甚至可以為新團隊成員分配簡短的任務，要求他們在一天的時間裡與每名隊友會面。

把建立聯繫置於文件紀錄之上，也意味著確保你的新員工獲得快速起步所需的資源和技術。這代表要確保提前配發所有設備，並在正式到職日之前準備好帳號和密碼。如果公司的政策規定在到職日之後才可以做這些事，你仍然可以準備一份步驟清單來妥當地設定好這些資料。更好的做法是，指派另一位最近聘用的團隊成員來指導他們完成整個過程。新手幫助新手通常是最好的策略，因為他們不僅最熟悉前置作業的過程，而且還記得當初自己是新手的感覺。

　　而且，如果你可以的話，在入職過程中增加一個親臨現場的環節，對於遠距團隊的新成員來說是一個很棒的巧思。計劃親自到場歡迎新員工，並與他們一起工作，或者把他們的到職日與實體召開的全體員工會議安排在同一天。這兩種都是加入團隊的出色方式，但如果你無法做到這一點，可以考慮送新員工一個關懷包裹，裡面可以裝滿公司的贈品，或者更好的是，由每名團隊成員挑選有意義的物品。

最後，要確定新員工這一天是以與你一對一的方式開始和結束。大多數新員工在最初的幾週裡，為了避免在新團隊中看起來像個毫無頭緒的菜鳥，實際上會對問題自我審查，並不會讓別人知道他們有疑問。身為團隊主管，你有責任確保他們的問題得到解決，更重要的是，他們知道他們可以自在地表達任何新的問題。在新員工的第一天結束時，打電話給他們，問他們情況如何，以及他們打算如何慶祝工作順利完成。同樣地，制定一個計畫，在第一個月和第一季度結尾時，與新員工見面，關切他們的入職經驗是正面還是負面的，因為他們的回饋意見對於改進未來新員工的入職流程極其重要。

美國專利商標局（管理著數量驚人的遠端員工）的行政官佛萊德·史特克勒（Fred Steckler）說得最好：「在上班的第一天，每個人都很投入，而主管的工作就是不要破壞這種情況。」[35]

管理一個蓬勃發展的遠距團隊，最關鍵之一是你讓誰加入這個團隊。我們從愈來愈多的研究中瞭解到，一昧地尋找明星人才的結果並不是那麼成功，除非他們也非常適合你的團隊。因此，在招聘過程中，要特別注意每位應徵者的技能以及過去合作、溝通和積極主動的經歷。請記住：遠端工作使團隊合作更加重要，而不是沒那麼重要。與新員工一起工作的人將對他們的表現產生最大的影響，因此，讓他們對於要錄取誰這件事也有發言權。

🔍 給遠端領導者的原則

　　在尋找新的遠端隊友時，需要考慮很多事情。對於招聘人員時，我們給遠距團隊領導者的原則，簡要說明如下：

- 為確保新人才能夠在你的團隊中茁壯成長，請提出以下問題：

　＊他們會與人合作嗎？

　＊他們會與人溝通嗎？

　＊他們是否積極主動？

- 跳過腦筋急轉彎的問題。

- 入職時，把建立聯繫置於文件紀錄之上。

　　如果你正在尋找工具來幫助你的團隊運用這些招聘和入職的規則，你可以到 davidburkus.com/resources 網站上獲得多種資源，例如模板、工作表、影片等等。

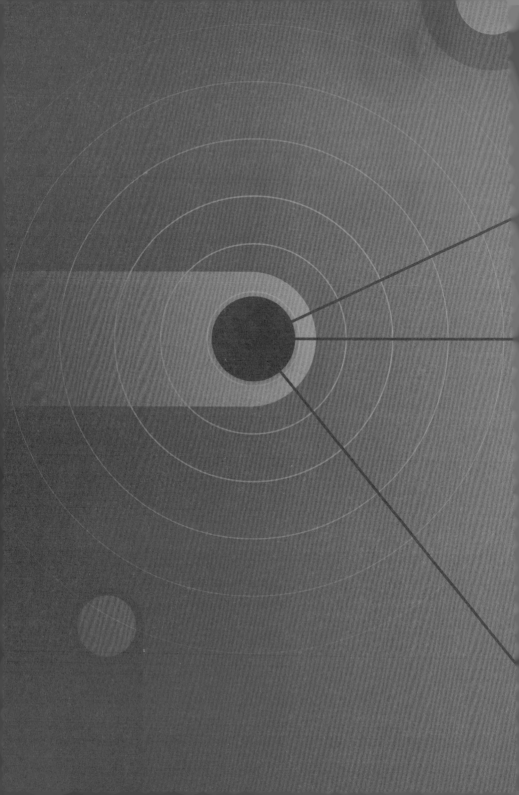

4

建立遠距的情誼

在遠距團隊中工作，這樣的想法似乎很孤獨。
在某種程度上，現場的團隊成員被迫與團隊其他成員互動，
並因此與他們建立聯繫。
在遠距團隊中，這些自然的互動必須由刻意的活動所取代。
如果做得好，
實際上可以比留在同一地點的活動建立起更深的聯繫。

社群媒體公司Buffer用不同的方式做了很多事情。他們是完全透明的，這意味著他們公司的財務資訊（包括每名員工的薪水）對所有人開放，而大多數公司對這樣的資訊則是保密的。他們也是完全遠端工作，而大多數公司只是試驗過遠端工作（或硬性實施這種實驗）。但是，儘管這家公司有很多異於他人之處，但在建立團隊文化的感覺和隊友之間的聯繫時，有一個元素是Buffer並不反對的：聚會很重要。

Buffer的團隊經驗主管史黛芬妮·李（Stephanie Lee）說：「雖然我們不會犧牲作為分散式團隊的價值，但很難否認面對面的時間對於團隊士氣和意外獲得愉快聯繫的價值。」[36]李的工作是策劃公司的年度靜修營和產品高峰會，並支持每個團隊計劃他們的年度會議。

每年春天，80多位Buffer員工都會聚在一起，進行為期一週的公司交流，討論願景和策略等重要話題。在早期，這些靜修營只是在公司位於舊金山不常使用的辦公室舉行，但當公司完全分散各地後，他們

的靜修營地點也開始在世界各地舉辦。Buffer的特殊
專案主管卡洛琳・科普拉希（Carolyn Kopprasch）說：
「我們嘗試在北美、歐洲和亞洲／亞太地區的地點之
間交替舉辦。」[37]

雖然這些公司靜修營的議程往往著重於高層事
務上，但也確保為團隊會議和聯絡同事關係的活動留
出充足時間。正是在這種現場、自由沒有規畫的時間
裡，最能建立同事之間的情誼。在週一至週五的靜修
會中，週四這一整天休息，每個人會獲得「公司娛樂
基金」，可以和同事一起探索周邊地區並享受從水療
到跳傘等等的活動。週五則是以感恩會結束，整個公
司輪流傳遞麥克風，讓所有員工都有機會對團隊或公
司的某個部分，表達謝意。

除了年度靜修營之外，Buffer還為公司中的每個
團隊資助一次小型會議。這為團隊提供了一段面對面
工作的時間，有助於他們更瞭解每位團隊成員的溝通
方式，讓接下來一年時間裡的協調工作能更輕鬆。

「在同處一地的公司，你可能稱這些為在公司外的活動，」李解釋說，「對我們來說，平常每一天都是在異地上班，所以這些特殊的聚會被稱為『實地活動！』」這些實地活動也為期一週，但不是專注於公司層面的問題，而是讓團隊領導者自由選擇他們這一週的目標。有一些團隊專注於目標設定或策略，而其他團隊則舉辦「駭客馬拉松」，專門專注於改進某些產品或產品的功能。這些實地活動並不是強制性的，但大多數團隊都會利用這個機會，而且大多數團隊會特意將他們的實地活動安排在年度靜修營後的六個月左右，以發揮親自會面的最大凝聚效果。

雖然從遠端建立情感聯繫當然是可能的，但大多數遠距團隊發現，透過在辦公空間上節省下來的錢，撥出一點來重新分配給每年一、兩週的共用實體空間，可以加速他們的收穫。

如果沒有一個深思熟慮的策略，讓遠端成員身體和情感上聚集在一起，遠端工作可能會消耗更多不必

要的精力。孤獨是那些在任何地方工作的人最常述說的情緒之一，如果不加以控制，它可能對每名成員產生明顯的負面影響。

研究發現，工作中的孤獨感會降低任務績效，限制創意思維，並損害推理和決策的能力[38]。也許這就是為什麼蓋洛普組織的研究人員發現，那些在工作中擁有強大社交關係的人更投入工作，帶來更高品質的成果，並且更少請病假[39]。除了工作之外，孤獨還會帶來更嚴重的影響。在2010年的一項綜合分析中，發現孤獨和社交關係薄弱會減少一個人的壽命，情況相當於每天抽15支菸，或每天喝超過六杯的酒精飲料[40]。

顯然，在隊友之間建立關係很重要。但是，在虛擬團隊中建立關係，是遠端領導者所承擔最困難的工作之一。幸運的是，你可以採取一些實際、有證據支持的行動來加強團隊的聯繫，並減少團隊中的孤獨感。

在一項為期18個月對遠端工作者的研究中，研究人員發現，團隊的遠距離特質最常被視為與隊友發

展友誼的障礙[41]。由管理學教授貝絲・許諾夫（Beth Schinoff）領導的研究人員在18個月的時間內，對一家全球科技公司的員工進行了100多次採訪，甚至觀察這些員工在真實生活中的「聚會」。雖然遠端工作是一個障礙，但遠距團隊成員找到了解決方法，不僅建立積極的工作關係，而且還發展了友誼。

第一步是發展出研究人員所說的「默契」。他們把團隊成員之間的默契定義為瞭解對方是誰，並預測對方與他們互動的方式[42]。默契幫助遠距團隊成員協調合作的時間和方式。它在面對面工作的團隊中更容易發展出來，部分原因是面對面的團隊通常在相同的時間工作。當你只需要抬頭看著隔間牆旁邊的同事，展開資訊豐富的面對面對話時，就很容易與對方形成默契。

研究人員發現，與工作相關的默契替非關工作情誼的形成，奠定了基礎。有默契的遠端工作者更有可能與同事談論非關工作的話題，他們會在社群媒體上聯繫，或在個人遭受挫折後尋求支援。身為遠距團隊

的領導者，你最有資格幫助你的員工彼此建立默契，最終建立情誼，這樣做對你員工和公司的健康和幸福極其重要。在本章中，我們將探討在虛擬環境中建立聯繫的有效方法，我們將深入研究對 Buffer 公司非常有效的實地活動，這對任何遠距團隊來說都是很好的做法。

◑ 讓你的團隊預備好建立聯繫

我們已經介紹了一些技巧，幫助你的團隊透過對每個人獨特情況的共同理解來開始建立默契。但要更進一步開始建立情誼，你需要精心安排自由沒有規畫的時間，讓你的員工來聊聊關於工作和生活方面的事情。這聽起來像是一個極大的挑戰，但實際上有一些相對簡單且便宜的方法來達成。以下是一些可以嘗試的方法。

找時間「fika」。Fika 是瑞典人的傳統，簡單地翻

譯成「喝咖啡」，不過 fika 不光只是喝一杯熱飲，而是在工作之餘，跟別人儀式性的放鬆歇息一會兒，咖啡只是交流的藉口。許多遠距公司已經實驗了他們自己的數位 fikas，並發現這是建立聯繫的重要工具[43]。在數位版本中，兩個人一起休息片刻，聊聊非關工作的話題。當隨機配對兩名同仁休息時，效果最好，但領導者也可以讓人們自行選擇，同時鼓勵每個人都特意與不經常聊天的人建立聯繫。要確定這些活動安排在工作時段，這樣就不會有人覺得干擾到他們的下班時間。如果你真的想鼓勵 fika，請讓幾個人在下一次團隊通話會議上分享他們學到的東西。Fika 沒有固定的議程，但你可以提出問題，讓大家在休息時互相提問，提供聊天的話題。我最喜歡的一些問題如下：

- 你的第一份工作是什麼？
- 你最喜歡的度假地點是哪裡？

- 你最喜歡的超級英雄是誰？為什麼？
- 如果你可以教一門課，你會教什麼？

在問這些問題時，你不必深入瞭解對方的個人生活。你只是想讓對話繼續下去，讓成員更能瞭解彼此，並期待下一次的fika。

計畫線上一起吃飯。就像fika，但這是整個團隊一起進行。當面對面的團隊休息吃午飯或用餐時，他們會透過人類幾千年來一起做的活動而聯繫起來。在研究社群和建立聯繫方面，羅賓・鄧巴（Robin Dunbar）是一流的研究人員，他在2017年的一項研究發現，在社交場合吃飯的人更快樂、更積極地參與社群，並擁有更多朋友[44]。2018年的一項研究顯示，集體用餐（在中國和印度文化中是傳統的，在西方則不那麼傳統，會被稱為「家庭聚餐」）的商務人士合作得更好，達成交易的速度也更快[45]。你可能無法與整個團隊到一張大圓桌上一起吃飯，但你可以把共同

虛擬的餐點添加到每個人的行事曆中。我在遠距團隊中看到最好的例子，是 Lawyerist 這家由十人組成的分散式公司，他們定期舉行星期二墨西哥捲餅午餐會。他們的團隊成員會加入視訊通話，一起吃午餐。模擬大家一起用餐的情形，成員從他們最喜歡的當地餐廳訂購墨西哥捲餅。這是完全可以自由選擇要不要參加的，但任何來參加午餐會，並秀出捲餅的人，公司都會替他們支付餐費。

與同仁合作，進行工作衝刺。雖然有些人在獨自的工作中發展得有聲有色，但其他人需要感覺自己並不孤單。與同仁合作，進行工作衝刺，可以在這兩個選擇之間取得平衡。在工作衝刺中，兩個（或更多）人登入視訊會議，在互相打招呼後，就專注於工作。他們的視訊鏡頭保持開啟，但在他們沉默地專注於各自的工作時，應用程式的視窗會縮小在電腦桌面不起眼的角落。休息時間安排在指定的停止點，但不是必須的。這不僅提供了一個與人聯繫和投入工作的

小機會，而且數十年的研究顯示，當別人在觀看時，人們會受到激勵，以各種方式更加努力地工作。研究顯示，當人們知道其他人在看他們時，他們會跑得更快、更有創造力，並且會更努力地解決數學問題[46]。即使是一雙看起來毛骨悚然的眼睛，表示他們的螢幕正在被監控，也會讓人們覺得要更努力工作。但我不建議安裝任何類型的間諜軟體。訣竅不是向員工發出老大一直在關注的信號，而是邀請他們在團隊中尋找夥伴來幫助他們承擔責任，互相影響。在寫這本書時，我真的用了這種技巧，與我的兩位作家朋友登入一個長時間的Zoom會議。我們在25分鐘內衝刺寫作，聊個5分鐘，然後再寫作。事實上，我不確定如果沒有這兩張臉出現在我電腦的右上角，激勵我繼續寫下去，你現在還看不看得到這本書。而且這樣還有另一個很棒的副作用，當你試圖獨自工作時，家人可能不尊重你的界線，但如果他們認為你在開電話會議，他們更有可能不來打擾你。（只是這件事不要跟

我的孩子說。）

維持辦公時間，並鼓勵其他人也這樣做。 如果像fika或工作衝刺這樣的策略感覺過於制度化或不真實，請鼓勵你的團隊設定固定的辦公時間，用來進行與工作相關或無關的討論。你可以用開放視訊通話的方式，讓大家隨時加入，或者在行事曆上開放一個時段，讓大家都可以預約。我在商學院當了近十年的全職教授，與我的許多同僚不同的是，我發現與學生會面的時段是我參加過最有效的會面之一——事實上，我發現它是我參加的唯一有效的會議。所有教授都會定期公布他們在辦公室的時間，可以回答學生問題。但往往關於課程的小問題會變成範圍更大的討論，討論學校、生活、未來職業計畫，以及加深教授與學生關係的許多其他主題。如果沒有人出現，那麼我就有一段完整的時間來清理我的電子郵件收件匣。

舉行辦公空間尋寶遊戲。 我們已經講過讓團隊成員以虛擬方式介紹自己的工作空間，有助於建立共

同的期望。辦公室尋寶遊戲將這個概念更向前推進一步，可以定期進行（而不是只有當新隊友加入，或有人改變工作空間時才進行）。在這個版本中，團隊成員被要求環顧他們的辦公空間，並拿起對他們個人有意義的物品。一旦大家都回到位子上，就開始展示和說明，每名成員輪流展示他們拿的東西。我最喜歡的版本是用三樣東西來進行：讓你工作效率高的東西、讓你自豪的東西，以及讓你發笑的東西。你最後會分享完成工作的技巧，但也可以深入瞭解所有在螢幕另一端的同事的個性。

創造團隊儀式。我們的意思不是要舉辦過火儀式、遠距的冒險活動，甚至不是這幾年新的冰桶挑戰，不過我們說的是你的團隊要有一個特有的定期、具體的行動或小組活動。自從人類形成部落以來，就一直使用儀式把部落聯繫在一起。大多數高績效團隊定期參與共同的儀式，因為他們創造了群體認同感並建立了信任，所以你的團隊也應該如此。這些可能是

非常有意義的儀式，有一個令我欣賞的團隊，他們制定了一套核心價值和對應的腕帶，因此，在開會之前，參與者都會深思這些價值觀，並選擇佩戴上一條腕帶，向其他人傳達他們對會議的重視。但儀式也可以很活潑，另一個團隊定期舉辦「談話」系列活動，不同的成員就他們感興趣的任何話題，準備五分鐘的演講。儀式甚至可以與本節中的其他聯繫元素結合起來，像是Lawyerist的星期二墨西哥捲餅午餐會，就是儀式的意義大於豬肉餡。

　　並不是說你只有這六項活動可以促進，但它們是起步的好方法。你可以嘗試所有這些活動，根據你認為合適的方式進行修改，或者完全捨棄它們，選擇更適合你團隊的活動。由團隊決定哪些活動成為慣例，但隨著你的團隊不斷成長和合作時間更長，你應該考慮建立一種特定的慣例：實地活動。

🎯 實地活動

　　正如我們在Buffer公司中看到的情形，親自見面並身處相同的實體空間仍然是建立聯繫的最快方式之一。因此，如果可以，**請計劃實地活動**。理想的情況是，擁有遠距團隊的公司會定期把所有員工召集在一起。這是專注於高層策略、制定目標和其他全公司範疇計畫的好時機，同時也為社交活動提供了充足的時間，但個別團隊也需要時間進行小型的實地活動。這些時間可用於討論整個團隊的目標，但也可能只是一個全團隊面對面的工作衝刺，讓團隊交替著一起工作和一起休息。

　　不管這些活動看起來如何，遠端領導者應該儘量找時間讓他們的團隊聚在一起，增加面對面的時間。最簡單的方法是在產業會議的前後，安排你的團隊實地活動。如果團隊中的大多數人都能從參與會議中受益，那麼他們肯定也會從會議結束後的彼此交流中受

益。而且，如果已經為會議制定了預算，幾乎不會增加額外的費用。但是，如果你能編列額外的預算，就計劃在一個獨特而令人難忘的地點，舉行三到五天的專屬會議。

當你處理實地活動時，**要一再地**溝通行程細節，不要假設每個人對旅行行程都同樣熟悉，或在新地方都同樣自在，這是李和科普拉希在Buffer公司很快學到的寶貴經驗。他們在計劃需要出國的靜修營或實地活動時，發現有些隊友從未出國旅行，沒有護照，或者從未坐過飛機。如果可能的話，與你的團隊建立「常見問題」的共享檔案，並在關於會議的新問題出現時，隨時更新檔案。如此一來，你會竭盡全力讓你的團隊感到安心，但不會給你的任務清單增加太多的額外工作。

在公司實地活動時，議程要拿捏得宜，既要在團隊專案上取得進展，又要騰出時間讓團隊一起溝通和聯繫，可能在當天議程各占一半，或者在不同

天安排不同主題。你可以隨意安排議程，但一定要有議程。計劃好時間的使用方式，這樣你就知道時間運用得宜。

最後，如果你無法如願地經常讓整個團隊聚集在一起，確保你幫助團隊協調彼此行程，讓他們碰巧旅行到成員住處附近時能親自拜訪。你不需要感到有義務，但如果你知道你要去同事的城市，請主動聯繫他們，拜訪對方一下（或當面fika）。漸漸地，團隊的其他成員也會為彼此做同樣的事情。

遠距團隊能運作得很好，只有在團隊真正感覺到他們是一個團隊的時候。個別的遠端工作者都會有孤獨和孤立的感覺，這是這類工作的性質，但是你的團隊性質不一定就是這樣。如果你採取一些刻意的步驟，在團隊各個成員之間建立聯繫，甚至可能讓團隊實體地聚集在一起，你會發現你已經讓他們的感情更好，而更好的情誼將很快轉化為更多的團隊勝利。

給遠端領導者的原則

在遠距團隊成員之間建立聯繫很重要。如果沒有審慎的聯繫計畫，孤獨感會不知不覺地蔓延到任何人身上，拖累他們的工作和生活。對於建立團隊聯繫的方式，我們給遠距團隊領導者的原則，簡要說明如下：

- 找 fika 的時間。
- 計劃線上一起吃飯。
- 與同仁合作，進行工作衝刺。
- 維持辦公時間，並鼓勵其他人也這樣做。
- 舉行辦公空間尋寶遊戲。
- 創造團隊儀式。
- 計劃實地活動。

　　如果你正在尋找工具來幫助團隊建立聯繫，你可以到davidburkus.com/resources網站上獲得多種資源，例如模板、工作表、視訊等。

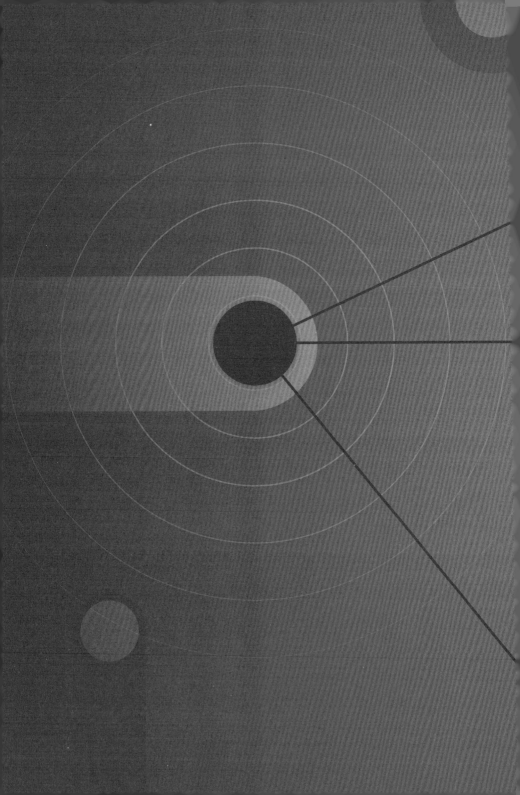

5

以虛擬方式交流

當遠距團隊的每名成員都獨自地工作時，
協調工作變得更加重要。
用虛擬方式溝通，意味著對使用的溝通類型和頻率，
設定正確的期望。
目標是能夠談論正在進行的工作，
並且仍然留出足夠的時間來實際完成工作。

Basecamp不只是一家樂意採用遠端工作的公司，他們就是以遠端方式成立的。因此，對於溝通在完成工作中所發揮的作用，他們持有強烈的看法，因為他們已經見識到在運用正確的情況下，溝通是多麼強大的工具。

　　該公司最初是一家網頁設計公司，在2001年出現了許多人認為的公司的關鍵時刻，當時創辦人傑森·福萊德（Jason Fried）聯繫軟體工程師大衛·海尼梅爾·漢森（David Heinemeier Hansson），聘請他設計一個可用於公司管理專案的應用程式[47]。福萊德住在芝加哥，但在他確信漢森是這項工作的合適人選後，毫不猶豫地僱用了住在哥本哈根的漢森。他們只需要進行遠端工作，而他們確實做到了。他們在溝通和協調工作方面的成功，不僅有助於使公司成為一家產品公司，而且產品成為專案管理中的主要工具之一──尤其是對於遠距團隊來說。

　　很快地，他們的網頁設計客戶就要求使用漢森開

發的專案管理程式,因為客戶在專案協作時,看到這個工具的內容,並希望用它來管理自己公司內部的其他專案。因此,Basecamp開始把這個工具當作產品來販售,而且它很快變得比公司其他的設計服務都更受歡迎。所以福萊德決定轉型成軟體即服務(software-as-a-service)公司,由漢森作為合作夥伴和關鍵人物。他們確實在芝加哥設有辦事處,但沒有人被要求要在那裡工作⋯⋯甚至住在芝加哥附近。只有大約十幾個人定期會使用到這間辦公室,福萊德甚至把它設計得不像傳統的辦公室,反倒更像遠端工作空間的集合,到處都掛上聊天的「圖書館規則」[48]和隔音板,以降低那些嘀咕的聲音。

福萊德和漢森甚至還一起出書、接受採訪,並發表倡導遠端工作的談話內容。2014年,他們賣掉產品組合中的所有其他產品,專注於行銷宣傳Basecamp。(沒錯:Basecamp是公司的名字,**也是**產品的名稱。)

福萊德和漢森不只是支持遠距團隊，他們是徹頭徹尾地反對辦公室。在談到他們如何看待辦公環境對溝通的影響時尤其如此。面對面的團隊會有更多的溝通，但這不一定是一件好事。他們把現代辦公室描述為「干擾工廠」。在他們2013年出版的《遠端工作模式》（Remote）一書中，他們寫道：「繁忙的辦公室就像食物處理機一樣，把你的一天切成小碎片。」[49] 在開不完的會議、同事不斷的打擾和電子郵件程式不停的接收聲音當中（這些程式往往無法調整，因為身處某處的IT人員決定不讓你改變自己電腦的設定），現代辦公室員工的工作日看起來很像某種深夜電視購物節目中廚房用品弄出來的東西（「這個機器可以切片……還可以切丁」），而不像有助於專注、投入的工作環境。

若得知Basecamp內部溝通的第一個核心指導原則是「你不能不去溝通」，可能會讓人感到驚訝[50]。儘管福萊德、漢森和Basecamp團隊體認到，辦公室

創造了一直令人分心的干擾環境，但他們也強調，遠端工作並不意味著你在與世隔絕的環境中工作。有效的溝通是完成工作的重要環節，關鍵是學習有效的方式，在不影響實際工作的情況下，就你所從事的專案進行有效的溝通。

要如何達到這種平衡？福萊德和漢森會說，你的內部溝通應該「有時候是即時的，但大多時候是非同步的」。事實上，這是他們內部溝通指南中的第二條經驗法則，該原則說明了管理遠距團隊溝通的核心基本挑戰。

這不是一個問題，其實這是兩個問題。

溝通不光是溝通而已，可以分成非同步溝通和同步溝通。光是對何時使用哪種溝通方式，然後設定好期望，並針對兩種溝通方式制定一些規範，就能有助於關閉辦公室這個干擾工廠……而且不會讓任何人搞不清狀況。讓我們仔細看看這兩種類型的溝通，以瞭解如何及何時使用它們，替你的團隊帶來優勢。

非同步溝通

在範圍更大的非同步溝通類別中，有很多溝通的類型和工具可以幫助人們維持聯繫。非同步可以是電子郵件、留言板、對共享檔案的評論或群組聊天。但是無論選擇哪種工具，都需要堅持一點：必須是真正的非同步。這意味著在交流的論壇上，要有人們**不會**立即回應的心理準備。

為什麼？除非要做出決定，否則**關於**工作的溝通，很少像工作這件事本身那樣有成效。遠距團隊的主要好處之一是，理論上，遠端元素為個人提供長時間不受干擾的時間，來專注於真正創造價值的任務。但是，如果期望遠端工作者隨時可以跟人溝通，這種好處很快就會消失。

想想看，對於我們大多數人來說，工作日溝通最常出現的部分是什麼：電子郵件。2012 年對辦公室工作人員的一項研究中，加州大學爾灣分校（University

of California, Irvine）的研究人員葛洛莉亞‧瑪珂
（Gloria Mark）和史提芬‧佛伊達（Stephen Voida）
發現，若把如雪片般飛來的電子郵件訊息給擋下來，
參與者會更專注、工作效率更高、壓力也更小[51]。瑪
珂和佛伊達首先允許參與者在為期三天的「基準」期
間正常工作，在此期間，用數位監控軟體觀察他們的
工作流程，該軟體追蹤員工使用的電腦程式和使用時
間，還測量了他們的心跳來代表壓力程度。三天結束
後，研究人員在參與者的電腦上安裝電子郵件過濾
器，可以使所有收到的通知靜音，並把所有的新郵件
移至一個專門的文件夾，以供之後讀取。這種「沒有
電子郵件」的狀態持續了五天，在此期間，持續追蹤
參與者的電腦使用情況，並監測他們的心跳。

在沒有老是分心的情況下，除了一名員工外，所
有員工使用不同電腦程式的時間都明顯增加，這顯示
他們更能專注於眼前的工作。儘管他們的工作效率更
高，但他們所承受的壓力卻比之前的基準期間下降許

多。他們的溝通習慣也發生了變化。如果沒有往返的電子郵件，參與者更有可能拿起電話，與他們的同事進行資訊豐富的對話。

讓他們感到壓力的不是工作，而是必須老是放下手邊的工作，以便他們可以談論剛剛打斷他們注意力的其他工作。

這項研究支持了一種可能的懷疑，即員工不僅對收件匣中的訊息數量感到吃不消，而且還對他們必須檢查的收件匣和入口網站的數量感到不堪負荷。無論是電子郵件，還是像Slack*這樣較新的溝通工具，如果是「隨時聯絡得上」的非同步溝通，並且希望員工快速回應每則新訊息，那麼非同步溝通可能會適得其反。具體而言，說到哪些是最會干擾人的工具，群組聊天已經迅速取代電子郵件，成為最會剝奪人們注意力的應用程式。

---

* 　一款專為商務設計的訊息傳送應用程式，幫助團隊成員取得所需資訊。

要求員工一直打開群組聊天的視窗，就像要求他們參加一個沒有議程表的全天會議，參與者隨意進出，只說一些片段的句子，同時又要求員工完成日常的工作[52]。

但是，正如瑪珂和佛伊達的研究所顯示，如果有同樣的期望，放棄群組聊天平臺回到電子郵件並不能解決問題。解決方案反倒是制定溝通頻率的共同期望和規範，然後**遵守這些規則**。大多數情況下，在24小時內做出回應是非常合理的，而且應該是預設的期望。如果需要更快的回應，請在你的請求中提出，或考慮將對話移至同步溝通。以下列出的幾點方針，讓非同步溝通替你的團隊發揮作用，而不是對你的團隊有害：

文字清楚簡潔。有一些技術可以讓人同步分享影音訊息，但到目前為止還沒有被廣泛採用。因此，在可預見的未來，文字溝通將是分享資訊的主要方式。（不過這一點你已經知道了……看看你的電子郵件收

件匣就懂。）這意味著擁有出色的寫作能力，是成為優秀團隊成員的重要因素。清晰的文字就是清晰的思維，這也是表達你的觀點的最佳方式。多用簡單的句子結構，用字盡量簡潔。除非你知道討論中的每個人都熟悉專業術語，否則避免使用。盡可能使用主動語態（除非你是律師，故意用「錯誤被釀成」（mistakes were made）等被動語態，沒有直接提到是誰造成錯誤，來逃避刑責）。

不要想當然覺得大家都有共識，甚至以為事情大家都知道。即使在全體員工會議上說過的話，或在寄給全團隊電子郵件中的內容，情況也是如此。如果你需要大家達成共識，請提出來。如果你需要確認大家收到訊息，請要求大家確認。如果你需要在某個時間或日期之前達成共識，請明確說明。根據情況，你可以聲明，如果在規定的最後期限前沒有收到大家的意見，那麼你將假設大家達成了共識。只不過，不要自動假設會有共識。要統計每個團隊成員的回覆，可能會在短期內產生

稍微多一點的工作量，但從長遠來看，這會為你省下更多功夫，勝過你為專案大步向前邁進，卻在幾天或幾週後才發現大家真正的反對意見。

在你的文字中注入正面的口吻。我們很容易誤解配偶、夥伴或好友訊息中的挖苦或冷幽默。與不太熟悉的同事分享類似的話語會被誤解也幾乎是理所當然的，而且這不一定是寫的人的錯。研究顯示，人們接收到電子郵件或文字聊天等書面媒體時，更容易受到「負面效應」的影響，這意味著缺乏情感線索會誤導看的人把訊息解釋成比寫的人的本意更加負面[53]。除非情況需要（或者你們是律師團隊），否則不要為講求實際，就犧牲了溫暖和親切的書面語氣。

除此之外，在閱讀其他人的資訊時，**要假設對方的本意是正面的。**他們可能沒有看過這本書（或者還沒有看過，你可以隨時寄給他們一本），他們可能沒有意識到，他們「就事論事」的溝通方式讓人覺得冷漠和斤斤計較。所以當你在看別人的文字時，替別人的文

字注入一些溫度，預設他們的本意是最好的情況。

在遠距團隊環境中，如果做得好，非同步溝通應該是預設的溝通模式。不僅因為它使大家的行事曆免於過多的會議和太少的實際工作，還因為它尊重這些行事曆上的各種工作進展安排。不過，有時候用電子郵件、群組聊天或留言板討論來溝通還不夠。在這些情況下，我們應該轉向同步溝通，這需要同步溝通專屬的規範和期望才能發揮效用。

🔍 同步溝通

當我們看到需要同步或即時對話的情況時，很容易認為我們的尖端技術已經大大改善這些討論。有了現代的技術，你可以舉辦一場100人的數位會議，每個人都可以在虛擬背景下看到彼此的面孔，還可以一邊盯著群組聊天和私訊不斷地進來，同時努力記住他們是否沒開麥克風。

當你這麼說時，情況聽起來並沒有那麼有利於溝通。

愈來愈多的研究證實，視訊會議並沒有替溝通帶來多大的改善。而我們的假設是，視訊會議應該會改善溝通。我們都聽說過（現在已被推翻）的統計數字，93%的溝通是非語言的，而視訊通話讓我們把非語言溝通的因素帶回對話中。但事實證明，當我們忽視一些非語言的東西時，我們會是更好的傾聽者。

研究員麥克・克勞斯（Michael Kraus）在一系列關於溝通的研究中發現，只有聲音的溝通會產生最高的同理心準確度——這是衡量其他人的情緒、想法和感受的能力 [54]。在一項實驗中，克勞斯配對近300名參與者，讓他們兩人一組，與完全陌生的對方交談。一半的小組在光線充足的房間裡進行對話；另一半的小組進行相同的對話，只不過是在漆黑的房間裡。之後，所有參與者都接受了問卷調查，以評估他們的情緒和從對方那裡感知到的情緒。在收集結果時，克勞

斯發現，在漆黑房間裡的參與者更有可能準確地判斷小組夥伴的情緒。

在後續實驗中，克勞斯設計了模仿許多工作場所對話的互動情形。和第一個實驗一樣，參與者被配對在一起進行討論。這一次，每對參與者透過視訊會議平臺進行兩次互動。在第一次的互動中，參與者使用只有聲音的功能來通話。第二次互動，他們打開鏡頭進行影音通話。之後，對所有參與者及夥伴的情緒進行了類似的評估。就像第一個實驗一樣，參與者在只有聲音的條件下，能夠更準確地判斷夥伴的情緒。克勞斯的研究與其他更廣泛的研究結果一致，顯示要準確判斷情緒時，聲音線索比面部表情更為重要。

眼睛不是靈魂之窗，喉嚨才是。

每位上班時間超過一天的人都可能經歷過，在工作場所討論時情緒會高漲，而準確解讀人們講話內容**背後**情緒的能力，是一項極其重要的技能。因此，令人驚訝的是，放棄無休止的視訊通話，並使用電話等

「老派」技術，實際上可能會在更短的時間內實現更多的溝通，而且有證據支持了這一點。

除了增強我們處理對方說話內容的能力之外，老式的純語音電話通話的時間可能比視訊通話更短，讓通話中的每個人都能更快地回到實際工作中。因此，當你遇到非同步或文字溝通無法解決的問題時，在你想要透過行事曆發起視訊通話之前，請先拿起電話。用七分鐘講電話將勝過一整天來回發送電子郵件和一個小時的視訊會議。

所以：**語音優先，視訊其次。**

在開啟鏡頭之前，先檢查一下自己準備好了沒，因為還是會有需要從語音轉換為視訊的情況。尤其是在有多人參與的情況下，如果你能看到每個人，能看到有誰想發言的線索，這樣效果會更好。因此，在這些情況下，請記住，當你與他人一起出現在鏡頭前，**你就是**與他人一起**出現在鏡頭前**。這意味著在打開鏡頭之前，請檢查你的儀容，至少腰部以上要注意。遠

端工作的世界意味著我們都對服裝要求更加寬鬆一些。但如果你看起來像剛起床，人們會認為你是……才剛起床。另外，在你的背景上花些心思。在 2020 年 COVID-19 封鎖期間進行的一項調查中，人們顯然更喜歡看到視訊通話者背後是真實的房間，而不是夏威夷日落的假照片[55]。

在鏡頭後面補上光源。 你身後窗外的風景可能很漂亮，但與你進行視訊通話的人看不到。相反地，當鏡頭沒有調整好時，別人只看到你在一坨模糊光線下的輪廓。如果你不是某個調查紀錄片中的匿名告密者，請讓大家看到你的臉。

懂得進行眼神交流。 有一位錄製過**大量**影片，並主持過**大量**網路研討會的人提供了以下的專業建議：不要看著別人的眼睛，要看著鏡頭。看著螢幕上人的臉進行眼神交流，通常會讓你看起來像是在盯著他們的下巴或電腦螢幕。當你說話時，要直視相機鏡頭，你甚至可以在便利貼上畫一個笑臉，貼在相機鏡頭旁

邊，提醒自己要抬頭微笑。在開網路研討會的時候，我把我太太的護照照片貼在我的網路鏡頭旁邊。這張照片被國務院拒絕了，因為她露齒笑了……但現在我每次看到這張照片都忍不住會笑。

所以是看鏡頭，而不是看人，這樣你才會看起來像是在看人，而不是在看鏡頭。懂了嗎？

雖然「語音優先，視訊其次」是一個很好的準則，但必須記住，實際上應該是「工作第一，語音第二，最後才用視訊」。現代溝通技術絕對是驚人的，但也太誘人了。請克制每次你想與人溝通時，就直接和別人通話或開啟視訊會議的衝動。主動提醒自己，工作不被打擾是遠端工作的核心優點之一。一整天對員工奪命連環call，是與這種優點互相牴觸的。因此，在要打電話之前，請試著思考一下，到底是打這通電話，還是讓你的員工不受干擾地繼續工作會更有價值。

你需要虛擬茶水間嗎？

設定溝通的期望和規範將對你團隊的生產力產生極大的正面影響。當非同步溝通成為常態，而且同步溝通保持在最低限度時，比起辦公室團隊，你的團隊成員對他們的工作時程安排擁有更大的自主性。但是許多團隊發現，有一樣辦公室提供的東西可能是被忽略的重要溝通機會：茶水間。

每個人三不五時都需要放空休息。以前在飲水機或在辦公室茶水間和人閒聊，是重新調整思緒的好方法，並透過無關工作的聊天迅速與同事交心。因此，許多遠距團隊和完全遠端的公司都試圖透過團隊聊天室，重新創造虛擬茶水間，讓人們可以隨意進出。

我知道，我知道。

我們剛剛強調過，**不要**老是打開群組聊天視窗的重要性。這就是好的領導力發揮作用的地方，目的不是要一直保持聯絡。同時，許多團隊都受益於有一

個地方可以累的時候休息一下，聊聊他們正在追的電視節目，分享一些家人、朋友或有趣的貓咪照片或影片。而大量研究顯示，為「閒聊」和其他非關工作對話提供空間，確實會提高個人的績效，只要不是經常令人分心即可 [56]。

所以關鍵似乎是，每名團隊成員都應該覺得他們從來不是非得出現在聊天室，不過隨時歡迎加入，控制權仍然在每個人手上。你剛剛為他們提供了一個非關工作的聊天場所，幫助團隊保持聯繫。

此外，確保這是無關工作討論的地方……否則，它就會演變成讓團隊成員覺得，又多了一個必須定期查看的地方才能把事情做完。

溝通是所有關係中的氧氣，這對於遠距團隊尤其如此。每名團隊成員可能都在單獨地工作，但編排工作需要經過慎重的溝通。如果沒有這些深思熟慮的指導方針，團隊成員可能會弄錯，突然做起毫無成果的

事情，或者發現自己在重複團隊中其他人的工作。每個優秀的遠距團隊都對他們溝通的內容、時間、方式和頻率有明確的規範和期望，現在你的遠距團隊也有了這些規範和期望。

🎯 給遠端領導者的原則

我們在本章中討論了很多關於溝通的內容，包括何時以及如何與你的團隊進行非同步和同步的溝通。我們給遠距團隊領導者的建議規則，簡要說明如下：

- 非同步的溝通是規則，而同步的溝通是例外。
- 文字清楚簡潔。
- 不要假設大家達成共識。
- 在你的文字中注入正面的口吻。
- 假設對方的本意是正面的。
- 語音優先，視訊其次。

- 在上鏡頭之前，先檢查一下自己準備好了沒。

- 在鏡頭後面補上光源。

- 懂得進行眼神交流。

- 提供虛擬茶水間。

　　如果你正在尋找工具來幫助你的團隊進行虛擬交流，你可以到davidburkus.com/resources獲得多種資源，例如模板、工作表、影片等等。

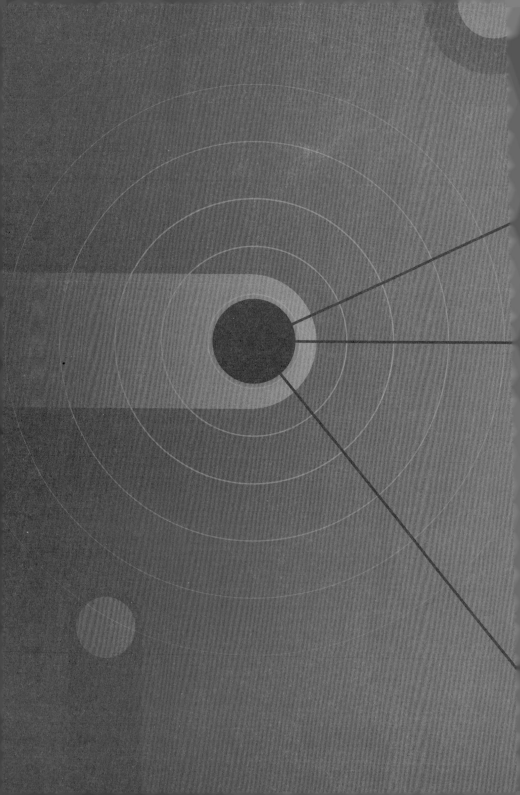

6

召 開 虛 擬 會 議

我們在深入觀察最佳遠距團隊的溝通方式時，
瞭解到虛擬會議是少數整個團隊同時聚在一起的時候。
若會議開得好，這些是大好的機會，
可以在員工之間建立聯繫，並讓他們更清楚地瞭解手上的任務。
會議開得不好的話，
可能會像……嗯……實體會議一樣討厭。

沃爾夫勒姆研究公司（Wolfram Research）可能不是最大的遠距公司，但它可能是仍在經營的遠距公司中，歷史最悠久的公司，並且在虛擬會議方面，仍然是最有遠見和最成功的公司之一。至少，執行長史蒂芬・沃爾夫勒姆（Stephen Wolfram）是遠端工作領域的創始者，他於1987年創辦這家公司。他遷往伊利諾大學香檳分校（University of Illinois at Urbana-Champaign），在那裡成立一個研究中心，希望把他的研究產品推向市場。這所大學當時（現在仍然）是一個被低估的電腦人才培育中心，所以沃爾夫勒姆一開始就能夠迅速找到人才，但最終香檳分校的人才庫還是不夠大。沃爾夫勒姆希望能夠從世界各地招聘人才，並且認為沒有理由不這樣做。1987年就已經有遠距協作的技術，何不運用它？

　　因此，該公司開始招聘遠距員工，這種招聘方式就持續下去，他們一直使用遠距策略來尋找頂尖人才，直到今日，公司有800名左右的員工。事實上，

沃爾夫勒姆決定自己遠端工作，居家辦公，或他決定去哪裡就在哪裡工作。「自1991年以來，我一直是名遠距執行長，」他經常誇口說[57]。

該公司最出名的旗艦產品是WolframAlpha，這是一個由人工智慧、精選資料來源和公司自己的演算法所驅動的「自動問答引擎」。如果你在微軟的搜尋引擎Bing或DuckDuckGo*上搜索過資料，或者你曾經向Siri或Alexa提出過問題，那麼這些程式很可能是利用WolframAlpha的系統替你帶來答案。除了為日常使用者打開一個答案的世界之外，沃爾夫勒姆研究公司還以開放其公司會議給眾人觀看（有時也開放外人參與）而在業界聞名。

沒錯，沃爾夫勒姆研究公司直播自己的公司會議。

更瘋狂的是：有上百人觀看。沃爾夫勒姆甚至在推趣（Twitch）上累積了7000名粉絲，這是一個幾乎

---

* 一款網路搜尋引擎，主打注重使用者隱私，不會追蹤、分析使用者的搜尋行為和關鍵字。

專門給電玩玩家的串流媒體平臺。

　　他們從2017年開始這樣，作為一家遠距公司，會議幾乎完全以虛擬方式進行。該公司大多數虛擬會議都透過純語音的方式進行，並運用螢幕分享功能，而不像一般虛擬會議螢幕上會有一格一格的圖像化小臉孔。會議參與者通常要處理程式碼或其他設計元素的問題，那麼為什麼不大家都看一臺設備上的程式碼就好呢？「我們會議的目標是盡可能地完成事情，」沃爾夫勒姆解釋說，「與所有具備我們需要的意見的人協商，並獲得所有跟解決問題相關的想法和議題。」因此螢幕分享似乎是最簡單的方法。

　　至於直播，沃爾夫勒姆長期以來一直在使用這項技術來提高公司的透明度。當WolframAlpha於2009年推出時，公司直播了網站上線的過程。之後，他們繼續直播軟體的操作展示，有時候沃爾夫勒姆甚至會在編寫程式碼時，隨手開啟直播。透過這些直播，他在網路上經營出一票不錯的粉絲。「但我一直認為我

們的內部設計審查會議非常有趣，所以我想『為什麼不讓其他人也來聽呢？』」於是，他就這麼做了，而且已經持續三年多。

一場典型的會議有來自公司內部2到20個人上線。如果沃爾夫勒姆在會議中，他會向觀看直播的人做一個簡短的介紹，然後會議照常進行。只是觀看的人經常透過與直播一起進行的文字聊天，來表明自己的身分。通常他們是向團隊提出問題或一般的討論，但也可能變成對正在討論的內容提出評論或建議。「這就像擁有即時顧問或即時焦點小組，提供我們有關決策的即時意見或回饋，」沃爾夫勒姆說，「事實上，在大多數會議中，至少有一兩個好點子來自觀眾，所以可以立即將它們納入我們的想法中。」

對每次公司會議進行直播，這聽起來很可怕，但對於沃爾夫勒姆和他的團隊來說，這帶來驚人的成功。對於其他人來說，召開遠端會議通常是領導者最擔心的事情之一，而他們的會議甚至還不會直播給大

家看。事實上,「虛擬會議沒有用」是我與各級領導者談論遠距團隊時,最常見聽到的回答。

但是平心而論:實體會議也很少有用。

有一個完整的「會議科學」研究領域正在發展,用於研究組織會議的有效性,但初步調查結果並不樂觀。在一項研究中,來自美國和英國的研究人員對組織中各層級共1000多名員工進行了一項國際調查,來瞭解他們對會議實際效果的看法[58]。絕大多數受訪者對會議的評論都是負面的,他們指出計畫不周、沒有議程,以及大家必須忍受預定聚會的其他硬性因素。少數正面評論主要提到**開會的原因**,例如解決問題,或幫助塑造文化。很明顯,會議不會很快消失,因為人們看到了舉行會議的價值。只是在會議的執行過程中,所有這些價值似乎都消失了。

在虛擬會議中,這些優點和潛在的缺點都會被突顯。這可能是本週或本月唯一一次你整個團隊同時聚集在一起的時候,也是確保同仁覺得自己是一個真實

團隊的一分子的最佳機會。同時，如果他們在每次開完會的感受都是「這整件事原本可以用一封電子郵件搞定」，那麼這也會影響他們對整個團隊的感受。

此外，你要求人們參加會議的次數，會對他們對每次會議有效性的看法產生重大影響。在 2019 年 Owl Labs*對於遠端工作狀態的研究中，遠端工作者反應，每週要參加的會議比進辦公室的人員多[59]。14%的遠端工作者表示，他們每週參加超過十次會議，算是很多的開會次數。其中很大的可能是源於錯誤的假設，認為開會是團隊溝通的最佳方式。但請記住，在上一章提過，面對面的小組溝通應該是最後的手段，這樣你們每次開會時，你的團隊更容易覺得開會是有效的，因為它**的確**更有可能是有效的。

因此在本章中，我們將提供循序漸進的方針來計劃和執行有效的虛擬會議。我們還將提供一些建議，

---

* 一家設立於美國的視訊會議設備公司。

讓你在主持會議時牢記於心。正確地規劃會議、正確地進行會議，以及正確地追蹤進展，這些是確保你的員工感覺他們在正確的遠距團隊裡，跟著正確的領導者——也就是你——的關鍵。

🕐 用八個簡單步驟舉辦有效的虛擬會議

無論這是你與團隊的第一次虛擬會議，還是你們第47次的每週會議，都可以遵循以下步驟，讓這次成為有史以來最好的一次會議。

一、**開會要有目的。**「又到我們定期開會的時間」，這並不是一個充分的理由。原因可能是每隔一段時間，你都希望讓大家交流情感。但即便如此，你也要提前聲明這一點。這將使規劃過程變得更加容易，因為大家會

對將要討論的內容抱有務實的期望，並可以按照目的來規劃。開會的其他充分理由是討論問題、產生點子、做出決定，或就某個檔案進行即時協同作業。每次會議都針對一個目的，超過的話，你應該考慮分成兩場較小的會議（即使兩場都在同一天舉行）。

二、**挑選合適的與會者，而且只選合適的人。** 並非團隊中的每個人都需要參加每場會議，並且你發送的每個活動邀請都會使他們對真正想做的工作分心。請記住，與九個人進行一小時會議的成本不是一小時，而是九小時。而且隨著與會人數增加，會議效率通常會直線下降。因此，要明智地利用員工的時間，並盡可能縮短與會者名單。

三、**訂定合適的議程。** 你應該為每次會議訂定議程，但應該是合適的議程。研究顯示，光是訂定議程並不能提高任何人對會議有效性的

看法[60]，重要的是計畫中的內容以及會議照著計畫進行的程度。不要使用籠統的標題，而是使用問題作為標題。因此，「行銷議題」變成「我們如何在廣告預算縮減的情況下，獲得相同的回報？」；「其他事項」變成「我們有什麼重要的資訊需要分享？」用問題當標題有兩個好處：第一，當你發送議程後，與會者能有合適的心態（你絕對應該提前發送）；第二，議程可以幫助大家瞭解會議是否確實發揮效果。如果我們的問題得到解答，那確實是一次有效的會議。

四、**提前十分鐘開啟線上會議。**每次會議都應該準時開始。但是，如果你想一下實體會議的互動氣氛，通常會有一個會前階段，可以讓團隊建立寶貴的情感聯繫。也許是因為他們一起走去開會，也可能是因為他們提前抵達會議室聊天。在虛擬環境中，如果你準時開

始會議,你就剝奪了團隊的社交階段。所以提前十分鐘開啟會議管道,讓人們隨意進入(並告訴你的團隊你會這樣做)。你甚至可以提出一些計劃好的問題來促進這個社交階段,幫助人們分享身旁發生的事情。(如果你提前十分鐘開始,請確保你再提早個五到十分鐘就登錄會議平臺。你可不想在你的成員分享他們寶寶踏出第一步,或最近的假期故事時,自己卻在解決技術問題。)

五、做好會議紀錄。你不需要每次會議都遵守[61]《羅伯特議事規則》(Robert's Rules of Order)[*]。但是你應該指定一名記錄(主持人之外的人)來記錄會議內容。特別是,你要確保記錄下沒有料想到的問題、新點子和任何由決策產生的待辦事項。誰說了什麼,以及說話的確

---

[*] 改編美國國會的議事程序,是目前美國最廣為使用的議事規範。

切時間並不重要，重要的是確保我們知道有哪些點子被提出，以及誰承諾後續要採取什麼行動。

六、**緊扣主題**。隨著會議的進行，要確保你緊扣主題，並照著計劃好的時間分配。如果你不用心，那些主導談話、發表過多言論的人會很快岔題，而那些假裝提出問題的人也會偏離主題，這種人實際上只想在你說可以提問時，發表他們冗長乏味的言論。你的議程設定了目的，所以可以拿議程當擋箭牌，如果你必須打斷別人，請他們等會議下線後再分享他們的想法。如果有人遲到，你無需浪費時間替他們解說會議的進展，他們有議程，可以隨時觀看錄影檔，或在會議結束後看會議紀錄。

七、**用總結收場**。隨著會議時間接近尾聲，讓大家一起，簡要地說明剛剛討論過的事情。如果需

要，請指定的記錄檢查一下會議紀錄；否則只需瀏覽議程項目的各個問題，並確認每個人都認為這些問題已經得到解答。最後，確認指派的人員理解待辦事項，如果可能的話，為每件待辦事項訂下承諾的處理時間。

八、保持會議開通。 在計畫時間或之前結束會議，但不要覺得有必要立即關閉會議通話。就像你提前幾分鐘開啟會議通話一樣，讓它保持開通狀態，留出時間讓大家在結束後繼續寒暄交流。如果你是會議的「主持人」，這可能意味著你必須一直待到其他人都登出為止，但是如果你需要專注於其他任務，你應該可以把聲音關成靜音，並關閉你的視訊功能。

在會後一定要發送會議紀錄，並讓大家知道，如果他們錯過會議，可以到哪裡看／聽錄製的內容。當你這樣做時，你可能會從團隊成員那裡得到一些意

見，這將幫助你把會議流程調整到適合他們的方式，使下一次會議變得更好。

讓虛擬會議變得更好的幾個技巧

如果你按照上述步驟進行，你的虛擬會議很可能在開始之前就被視為有價值的會議，並且在開完會之後很長時間仍然被認為是有價值的。但是，當你規劃和推展虛擬會議時，還有一些事情需要記住。

分擔苦差事。如果你領導的是一個全球團隊，甚至是一個分散在一、兩個大洲的團隊，那麼時區會成為一個重要因素。如果你總是把會議安排在對你方便的時間（或者甚至對最多人方便的時間），那麼你就是在傳達一個訊息：對團隊來說，那些必須在不方便的時間登入的成員不那麼重要，或比較不值得被考量。因此，大家要分擔會議時段不好的苦差事，定期輪替時段，這樣每個人都會有一些好的和一些不好的時

段，但大家會感覺到彼此關係緊密，自己對團隊是非常重要的。

大家都用視訊會議，不然就都不要用。與分擔苦差事一樣，哪怕你有一位成員無法參加實體會議，就召開虛擬會議。如果有人必須遠距參與會議，那麼就應該一視同仁。讓實體會議室的幾個人和其他幾個像是在數位螢幕上說話的頭像混在一起開會，會給現場的人太大的權力，並且可能會讓遠距的人認為自己是二等會議公民，因而停止他們重要的貢獻。此外，如果每個人都參加視訊會議，除非有**非常**好的臨時理由，否則請確保他們已開啟鏡頭。我知道，我們說過只用聲音溝通交流對於一對一的談話是很棒的，但在會議中，我們使用大量視覺線索來協調討論，並察覺團隊的整體情緒高低。如果有人不能在整個會議期間與團隊的其他成員用視訊溝通，那麼他們可能就無法專注於會議這件事。因此，回到第一個技巧，確保你找到了合適的開會時間。

盡量減少簡報時間。在虛擬會議上花一些時間介紹新資訊，或讓大家達成共識，當然是有價值的，但不要過度使用簡報時間。任何會議神奇的地方都發生在討論過程中，但這對虛擬會議來說尤其如此。花太多時間聽一個人講話，會更有可能讓團隊成員不經意地減少對會議的關注，跑到別的視窗去做其他真正的工作，或查看他們的社群媒體。因此，即使有人在做簡報時，也要鼓勵講者三不五時地停下來一下，讓大家提出問題並進行簡短的討論，重新拉回大家的注意力。

經常提到人們的名字，並鼓勵其他人也這樣做。說到拉回大家的注意力，沒有什麼比聽到我們自己的名字更能引起注意力了。這樣有助於吸引那些尚未參與對話的人，並使他們覺得受到重視。同樣地，建立一項規範，讓每個人在說話之前都應該先說自己的名字（「我是大衛，如果我們……」）。這有助於為說話者營造一種存在感，並讓聽眾清楚知道是誰在說話，也讓我們更容易在螢幕分格裡眾多的小臉蛋中找到說

話的人。

以正面的態度開場。會議與大多數經驗一樣,會受到初始效應(primacy effect)的影響,也就是在一開始提到的事情更容易被記住。(你還記得「分擔苦差事」,對吧?那是清單上的第一項。)而影響範圍包括感知和情感。所以,以正面的事情開場,這樣就會被人們記憶為一次正面的會議。事實上,甚至有一些研究顯示,會議也有傳染效應,這意味著如果團隊領導者一開始就有正面的能量,長期下來,這種能量和情緒會傳播給團隊的其他成員。

中場休息。視訊會議可能會讓人疲勞,有幾個不同的原因,其中主要的原因是「視訊疲勞」(Zoom fatigue),這是一種非常真實的現象。我們大腦的設計並不是為了長時間接觸大臉孔或一格一格的小臉孔,而不會感到疲倦或更糟的情況。史丹佛大學的傑瑞米・拜倫森(Jeremy Bailenson)帶領的一項研究發現,視訊會議會擾亂我們的個人空間感,甚至會引發

恐慌反應[62]。在視訊通話中，我們對某人在我們個人空間的感覺，主要取決於對方在螢幕上的臉孔大小。一張大的臉給人非常貼近的感覺，甚至會引發與會者戰鬥或逃跑的反應；而一連串的小臉就像遠處有一群人，全都盯著同一個人。對我們未接觸過Zoom的原始大腦來說，這兩種情況都令人很不舒服。因此，長時間的會議，請經常休息，伸展雙腿（並讓眼睛休息），這樣對於減少視訊疲勞大有幫助，就像把螢幕上的內容分成臉孔、幻燈片和其他圖像一樣，可以重新調整你的思緒。

分組討論。如果你的團隊太大，並且他們都參與會議，請考慮計劃一下分組成幾個較小的虛擬會議室。這可以增加每個人的參與度，並防止發表過多言論的人主導對話。只要確保你有一個計畫來記錄每間會議室裡發生的好點子，並把它們帶回主要的討論中。

開著聊天視窗。理想情況下，應儘量減少螢幕旁邊的討論和不斷跑出來的評論，這樣與會者才會專注

於主要會議。但總有一些時候，有人需要快速向主持人傳個消息、快速分享資源，或解釋為什麼他們必須突然登出會議。當這種情況發生時，可以在聊天視窗中記錄下來，而不是打斷整個討論。

將這些技巧與規劃虛擬團隊會議的步驟搭配起來，你將更有可能利用團隊中每個人的腦力，讓他們不會覺得你應該只需寄一封電子郵件來處理就得了。運作良好的虛擬會議是讓整個團隊交談的最好機會，無論距離多遠，都能促進同事之間真正有凝聚力和協作的感覺。

● 給遠端領導者的原則

我們在本章中介紹了很多有關規劃和召開高效虛擬團隊會議的內容。對於遠距團隊領導者的建議原則，簡要說明如下。

用八個簡單的步驟舉辦有效的虛擬會議：

一、開會要有目的。

二、挑選合適的與會者，而且只選合適的人。

三、訂定合適的議程。

四、提前十分鐘開啟線上會議。

五、做好會議紀錄。

六、緊扣主題（並且及早防範有人岔題）。

七、用總結收場。

八、保持會議開通。

讓虛擬會議變得更好的幾個技巧：

- 分擔苦差事。
- 大家都用視訊會議，不然就都不要用。
- 盡量減少簡報時間。
- 經常提到人們的名字，並鼓勵其他人也這樣做。
- 以正面的態度開場。
- 中場休息。
- 分組討論。
- 開著聊天視窗。

如果你正在尋找工具來幫助你的團隊運用這些規則召開最佳虛擬團隊會議，你可以到davidburkus.com/resources網站上獲得多種資源，例如模板、工作表、影片等等。

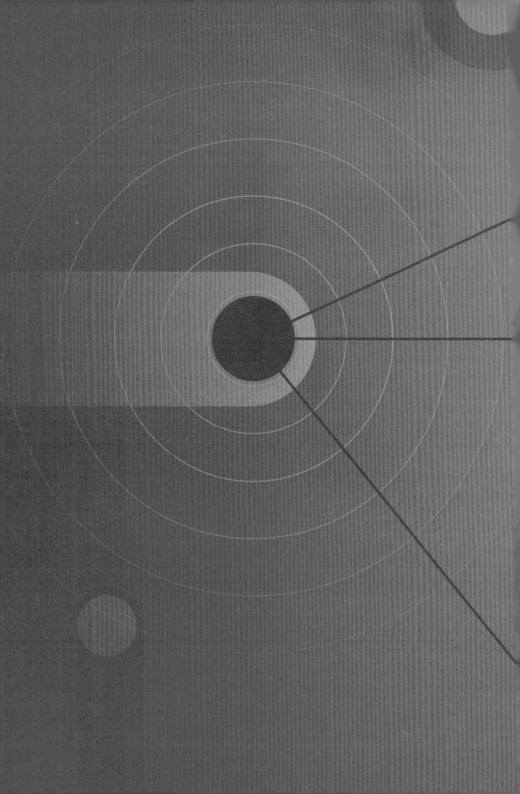

長期以來，創意思考一直被認為是個人的單獨努力。
在遠端環境中，可能更容易相信這個迷思。
但是，由團隊發揮創意，並且不光從「腦力激盪」的會議中，
而是經過深思熟慮的問題解決過程發想出來，這種創意的效果最好。
當你的團隊成員分散在不同地點時，
你不必錯過這個創意發想的過程，
事實上，一些最好的創意思考可以在遠距團隊中達成。

「好吧，休斯頓，我們有麻煩了。」[63]

太空人傑克・斯威格特（Jack Swigert）說出這句令人不安的話。一會兒之前，阿波羅13號的任務組員進行電視轉播，向電視機前的觀眾介紹了在太空艙內漂浮的情況，然後祝大家晚安。轉播結束九分鐘後，任務組員聽到急促「碰」的一聲並感覺到震動，然後用無線電把這個訊息傳給任務控制中心。幾分鐘後，指揮官吉姆・洛弗爾（Jim Lovell）往窗外看，注意到有氣體從太空船的一個艙門噴出，那是氧氣。原來是有一個氧氣槽爆炸了，正迅速把珍貴的氣體洩漏到真空的太空中。

因此展開人類歷史上最著名的一次遠距團隊解決問題的行動。這次任務的三名太空人用無線電與地面上的幾十名隊友合作，努力制定一項計畫，將他們三個人安全送回家。幾個小時後，在明確要求中止登月的嘗試後，太空人從中央指揮艙轉移到較小的登月艙。指揮艙使用燃料電池運作，這需要氧氣槽供氧來

製造動力。另一方面，登月艙靠電池運作，經過一些調整，它有足夠的電力來完成新的臨時返航之旅，裡面也有足夠的氧氣。

但問題是，登月艙裡面碳過濾器的設計是供兩個人在36小時內使用，沒辦法清除三個人在登月艙內持續96小時所有新產生的二氧化碳。二氧化碳在理論上是無毒的，但由於它比空氣重，會排擠掉空氣，這意味著在封閉的環境中，每多吸一口氣都會讓氧氣開始變少，並最終讓太空人窒息。不過，沒問題：動力不足的指揮艙有額外的碳過濾設備，他們可以把那些東西帶過來。

等等！

結果他們發現登月艙中的碳過濾器是圓形的，但指揮艙中的碳過濾器是方形的，過濾設備也是方形的。太空人和任務控制中心要想辦法把方形過濾器放在圓形的接口。在非常短的時間內，地面上的工作人員想出了如何利用太空人手邊的材料，臨時改裝方形

碳過濾器，然後安裝到登月艙的碳過濾器上。而且他們很有創意，他們用無線電告訴太空人需要用到的物品，包括他們太空衣的零件、額外的襪子和組員操作手冊上的硬紙板，安裝程序包括「把襪子塞進方形淨化器中間的通風孔」[64]等步驟。

但是這個方法奏效了。

三位太空人完美地遵循19個步驟的程序，「信箱」（過濾器的形狀讓他們這樣稱呼）支撐的時間夠長，讓他們能夠繞月球一圈，爬回指揮艙，並在重新返回大氣層並濺落太平洋之前[65]，投棄扮演救生艇角色的登月艙，雖然情況有點糟糕，但人還活著，多虧有不可思議的遠距團隊解決問題。

希望在你的領導生涯中，你不會被要求從遠端解決風險如此大的問題，但是所有的領導者都會被要求幫助團隊創意思考和共同解決問題。當這種情況發生時，你可能會忍不住想將所有人召集到會議室、拿起白板筆，並以最快的速度說出想法。但是，就像阿波

羅13號任務中的太空人一樣,遠端領導者沒有實體的工作空間來解決問題。而且,更重要的是,會議室裡的創意思考可能並不是那麼有效。

正如我在我的第一本書《創意的迷思》(*The Myths of Creativity*)中所寫道,「創意是在團隊中進行。」[66]因此在本章中,我們不僅會介紹讓你的團隊創意思考的最佳過程,還會介紹這種想法什麼時候需要你把整個團隊召集起來,以及何時不需要。此外,我們還會分享一些最佳做法,以激發員工想出最棒的點子,並確保每個人的想法都能獲得傾聽。

🔍 在視訊通話中能進行腦力激盪嗎?

在談到團隊中的創意思考時,這可能是我最常遇到的問題。大多數領導者在面對自己無法解決的問題時,會有的第一反應就是召集他們的人,並開始他們嘗試過但並不總是非常有用的方法:腦力激盪。美國企業

界把人們訓練成，以為任何、所有關於創意的思考，就等同於腦力激盪會議，所以會讓每個人在一個會議室裡待上一個小時左右，盡可能產生多一些的點子。

但是，當你研究世界上一些最具創意的公司的方法時（以及當你檢視有關創意思考的研究時），你會很快發現一件事情：創意思考不是會議，而是一個過程。腦力激盪或任何其他快速產生點子的方法，是這個過程的一個環節，但不是整個過程。事實上，真正的工作在之前的許多步驟就開始了。

那麼你可以在視訊通話中進行腦力激盪嗎？可以。但這不應該是你所做的全部事情。事實上，腦力激盪會議甚至不應該是你處理問題時的唯一會議。在檢視創意的問題解決過程和遠距團隊的侷限性（和優勢）時，你可能需要在過程中的三個時間點至少舉行三次不同的會議。

研究顯示，你把會議拆成單獨舉行的小型會議時，就能做出最好的決定。在社會心理學的一項經典

研究中，研究人員招聘參與者參加一個有異動的決策
會議[67]。在各小組做出決定後，研究人員告訴參與者
要再次舉行會議，並再次做出決定。這些小組沒有得
到關於第一次決定的任何回饋意見，也沒有收到任何
指示，需要他們做出與第一次會議不同的決定。但大
多數小組都做出了不同的決定。此外，與第一個決定
相比，第二個決定通常包含更多討論的想法，整體上
也更具創意。對此，一種可能解釋是，人類會有追求
共識的怪癖[68]。當我們開會時，我們往往會過快地支
持第一個似乎獲得人氣的想法，有部分原因是我們想
讓每個人都同意，也有部分原因是我們只想開完會議
就走人。會議參與者為了快速達成共識，而犧牲了真
正的辯論和審議。把大型會議分成幾個不同目標的小
型會議，有助於防止這種有害的得失權衡。

　　因此，當你需要與團隊一起創意地思考，以解決
問題時，不要安排一個時間很長的會議[69]。在幾天內
安排三種會議：問題會議、點子會議和決策會議。

從問題會議開始。問題會議的目的就如其名：討論問題。通常，當我們第一次遇到一個情況時，我們實際上是在看不同的潛在問題的症狀。第一次會議的目標應該是退後一步，確定如果解決哪些問題，將會帶來最大的好處。在這樣做時，我們希望盡可能地找到愈多可能對這個問題有所瞭解的人，並確保他們有時間來分享自己的觀點。像豐田佐吉*的「五個為什麼」方法或石川馨**的魚骨圖，這樣的策略或方法在這裡可能很有用。（如果你不熟悉這兩種方法，非常值得你在網上快速搜索一下。）但最重要的是，這次會議的重點，是討論問題的潛在原因，以及限制因素。是的：限制因素。雖然我們可能會把創意思考與沒有限制的想法和天馬行空聯想在一起，但大量研究顯

---

* 豐田自動織機製作所創辦人，Toyota 汽車創辦人豐田喜一郎的父親，同時也是發明家，發明了日本第一台動力織布機。

** 日本知名「品質管理」領域學者，有 QCC（Quality Control Circle，品質管理圈）之父的稱號。

示，限制實際上會增強我們的創意[70]。此外，限制因素將提供以後判斷解決方案的標準。這時不是用「跳出框架」來思考，而是你想利用這次會議來決定在哪個框架內思考。找出這個框架最好的方法是問一個簡單的問題：「我們如何＿＿＿＿？」空白處是你發現的根本問題，例如「在不增加行銷費用的情況下，我們如何增加銷售額？」或「我們如何減少跨部門之間的錯誤溝通？」詢問開放式的問題會提醒人們，事情存在多種可能，我們的工作不是要找到「正確」的答案，而是找到所有答案，然後選擇最好的一個。

然後召開點子會議。一旦大家探討出問題，並寫下來後，我們就可以召開點子會議。這是與腦力激盪最相似的會議（我們在下一節提供一些協助這種會議的祕訣）。但在你開始滔滔不絕地說出點子之前，要確保你在這個虛擬會議室中也有合適的人。根據問題的情形，與會者名單可能會、也可能不會和問題會議的與會者名單相同。在問題會議上，我們問：「誰對

這個問題有所瞭解？」但是現在，我們還需要確認我們邀請類型更加多元的與會者。因為你已經發現根本原因，並注意到它影響的人比你最初想像的還要多，除了添加新的與會者，你還需要問：「誰通常被排除在這些對話之外？」並邀請那些經常因錯誤原因（錯誤的頭銜、在組織結構圖上的職位太低、在公司的年資太淺，或其他許多錯誤假設）而被排除在外的人。一旦到了會議時間，大家就以簡短的自我介紹開場。如果你有正確的與會者名單，幾乎可以保證你會有來自不同團隊的人員參加會議，因此，要確保每個人都熟悉其他人的背景和相關經驗。然後，簡要概述你發現的問題、當中的限制、有待解決的問題（「我們如何＿＿＿＿＿＿？」），以及討論的基本規則。根據你的團隊和問題，這些基本規則可能會有所變化，但至少你應該備妥一套準則，鼓勵每個人勇於發言，盡量減少干擾，並使批評重點放在點子上。點子會議的目標不是達成最終解決方案（這是下一個會議的目標），可是

一旦你獲得了大量的點子，也許值得花一些時間來縮小或合併選項，讓決策會議變得更好、更容易進行。

以決策會議結束。 最後一個會議，即決策會議，不一定要在不同日期開單獨的會議，當然，除非點子和決策兩場會議之間的與會者出現很大的變化。但是在點子會議和決策會議之間，應該要有點休息（會間小憩、吃個午餐、上個廁所）。這樣做讓心理獲得必要的重新調整，避免一股腦地支持在點子會議期間獲得人氣的點子，並讓每個人都能從現有選項清單上獲得新的觀點。此外，即使是短暫的休息，也為許多人提供了離席的機會，如果他們是點子會議的成員，但不需要參與決策。在決策會議開始時，不要直接進入點子選項清單，而是要回顧一下有待解決的問題和限制，或任何其他用於判斷點子價值的標準。如果選項很多，可以考慮進行第一輪投票，消除不符合標準的點子，但要避免使用這一輪的投票做為對剩餘點子進行「排名」的方式。如果選項不是太多，那麼就直接

開始逐一討論每個點子。不要只談論這個點子的優點和缺點，還要確保每個人都考慮到實施這個點子的過程會是什麼樣的。對於每個點子，我最喜歡問的問題是「要使這個想法奏效，必須具備什麼條件？」[71]如此一來，我相信每個人在決定點子的新穎性和有效性時，都會考慮實際的情況。

通常，等到大家依次討論每個點子時，小組已經發現有一個選項或選項組合脫穎而出。如果沒有，那也沒關係，以繼續刪減點子為目標，繼續討論。如果大家無法達成共識，那也沒關係。事實上，尋求要各自承擔的任務，而不是達成共識，往往是更好的主意。如果在做出決定時，少數人仍然不同意，這是一個好的跡象，顯示你們實際上已經研究了所有相關的問題。如果大家都沒有異議，共識可能實際上是盲點或是同溫層效應的結果，而不是反映這個點子的高明之處。但你確實需要知道，每個受該決定影響的人，在離開會議時，都感覺自己的意見被聽取，並願意實

行這個點子（即使這個決定仍然不是他們的首選）。

這三個會議綜合起來，可確保你們已經充分研究了一個問題，產生多種解決方案，並得出可能的最佳結果之一。為三份不同的與會者名單安排三場會議，這在行程上似乎很麻煩，確實需要更多的初步作業，而不僅僅是快速開個視訊通話，並丟出一些點子。但從長遠來看，這可能會節省大量時間和精力，因為在這些單一會議中最有可能出現的點子是「我們需要進一步討論這個問題，讓我們安排後續會議。」

🕒 在產生點子時，引導很重要

花時間精心策劃解決問題的會議，將大大有助於確保你的團隊以最具創意的方式思考。但除了合適的流程之外，合適的主持人也是創意思考過程的關鍵要素。身為團隊領導者，你很可能是會議主持人的預設選擇。但如果不是，你要確保合適的人有被告知如何

最有效地召開會議。為此，在主持上述三個會議中的任何一種時，請記住以下幾點：

用熱身活動開場。具體來說，對於創意會議，最好以快速的熱身活動開場，讓每個人都準備好快速並踴躍地想出點子。可能有所謂的「創意肌肉」需要熱身，但也可能沒有。更重要的是，熱身活動可以幫助同仁自在地相處，並尊重和回應彼此的想法。這有助於創造必要的心理安全感，讓人們不會對自己的想法有所顧忌。我過去曾使用過各種各樣的熱身活動，從隨機運用常見的物品，到故意把常見問題答錯，再到讓每個人分享他們最喜歡的「會議敗筆」。你不需要花太多時間在熱身活動上，但當真正的點子開始以更快的速度湧出時，你所花費的時間都有可能賺回來。

開啟鏡頭和麥克風，關閉推播通知。如果一切順利，這些會議將會很熱絡。在面對面的環境中，我們依靠大量的視覺線索來確保我們沒有打斷別人，並向大家發出我們想要發言的信號。在虛擬環境中，這

遠距團隊的高效領導法則

些線索則較難發現。如果有一兩名成員關閉鏡頭，並關閉麥克風，幾乎是不可能從他們那裡得到任何線索的。所以，至少在討論的時候，確保每個人都能看到和聽到其他人，並鼓勵大家關閉電腦上任何可能造成分心的推播通知。為了同樣的目的，請確保你已關閉任何預設的系統通知，這些通知會在人們不小心登出，然後重新加入會議時觸發。如果你能阻止干擾，你就可以確保點子不受阻礙地產生。

點子不會不好，但假設可能是錯的。腦力激盪會議最常見的「規則」之一是，「沒有任何點子會是餿主意」。但老實說，有些點子很糟糕。而在點子會議中不處理糟糕的點子可能會導致人們開始提出嚴重偏離主題的點子（不一定是壞事），或開始高聲喝止別人的點子（一定是壞事）。而最近的研究甚至顯示，這種「不會是餿主意」的心態可能會適得其反。在幾項研究中，鼓勵參與者反對點子和對選項進行辯論，通常會產生更多的點子並提高這些點子的品質[72]。訣竅是

確保人們批評點子背後的假設，而不是點子本身。換句話說，辯論結論的根本「事實」是否屬實。因此，與其說「這是一個有趣的點子，但聽起來像是我們在假設……。我們知道那是真的嗎？」，不如說「我不同意」還比較有效。不要爭論其他與會者是否從相同的事實中，得出了錯誤的結論。這有助於使辯論著重在點子上，使個別參與者不會感到受到評判，而阻擋了任何進一步的點子。

讓大家靜一靜。如果你曾經參加過特別激烈的腦力激盪會議，你可能會想，**一定有更好的方法來做這件事。**事實上，確實有。愈來愈多研究顯示，讓大家有更長的時間，靜靜地產生點子和靜靜地思考，會增加大家分享觀點的數量，並增強團隊的整體創意[73]。特別是在虛擬會議中，一次能聽到的聲音有限，通常只能聽到一個人在說話。在這些情況下，講很多話的人（和過於自信的團隊成員）往往會主導談話。請增加一些時間，讓大家靜靜地想出點子，就可以解決這

個問題。你可以在會議開始的時候，增加一段簡短的安靜時間，或鼓勵人們在加入會議之前，提出一些點子。若能鼓勵他們匿名提交他們的點子，那樣更好，這樣進一步減少了對潛在點子有所顧忌，因為完全不需要害怕被人評判。

　　利用分組討論，把大型會議變小。與會者人數愈多，每個人的聲音就愈小。當會議人數超過六人時，你就有可能完全失去一些點子。這就是利用讓大家安靜會如此有效的原因，但這也是為什麼要利用分組討論室。大多數視訊通話平臺都有「分組討論」的功能，允許會議主持人把與會者分配（或隨機分配）到較小的虛擬會議室，並在設定的時間內讓他們回來。為了充分地利用這些功能，要確保你檢視了會議的目標和目的（對於點子會議來說就是有待解決的問題和限制），然後把人員分配到會議室，一組最多四人。明確說明分組討論會持續多久，以及如何從分組討論室獲得想法，並把想法帶回會議上。許多人使用聊天

功能來達成這一點，但我認為所有分組討論都在共用的文件中協同作業效果會更好。如果你使用的會議平臺沒有分組討論功能，別擔心，只要提前與分組會議的主持人協調，他們可以負責啟動自己的個別視訊通話，並邀請其他人加入即可。

　　兩人小組討論，分享心得。即使你的會議規模較小，仍有其他方法可以利用分組討論。在產生點子的過程中，試著在分組討論室中配對人員。不需要想太多，只需將人員分配到虛擬的分組討論室，然後讓他們在那裡開始提出點子。請他們與他們的新夥伴分享心得，並保留在會議室裡產生的點子清單。當需要把這些兩人小組的對話帶入正式會議時，不要讓他們分享自己的點子或讓一個人分享整份清單。相反地，請人們分享**他們夥伴的**點子，而不是自己的點子。這可以去除任何可能發生的自我審查，並確保每個點子都至少有一名支持者。你甚至可能會發現，報告的人在分享過程中會對點子進行補充。無論你是進行熱烈的

傳統腦力激盪，還是使用不同的方法來產生點子，「兩人小組討論，分享心得」都非常有效。

用「排名選擇投票」的方式，快速消去選項。在決策會議中，最常見到讓人停滯不前的方式是，人們**過度**討論各種點子的優點和缺點，後來才發現，只有三、四個點子被人認真考慮過。因此，如果可能的選項很多，請考慮添加一輪「排名選擇投票」來縮小範圍。在這種方法中，參與者使用書面投票（或線上投票）來投給他們的第一、第二和第三選擇，按照排序分配權重。可能會有一個點子在這一輪投票中「勝出」，因為它獲得的權重最大，但這在現階段其實並不重要。重要的是，有幾個點子沒有得到任何投票，在討論恢復之前就可以直接消去。

在主持會議時，應用這些準則的部分或全部，將有助於會議更順利地進行，並提高點子的品質和數量。此外，這些準則將幫助所有參與者感受到更高的參與感，並使他們更有可能在未來有所貢獻。

創意思考是一個人單獨的努力，這個迷思在遠端環境中更容易信以為真。可是，雖然個人可以產生點子，但真正的奇蹟發生在把點子聚集在一起，結合起來並衍生出更新的點子，而這種事只會發生在團體裡。知道何時召開合適的會議，以及如何主持會議是非常重要的，而且在遠端環境中這樣做可能更容易。

🌑 給遠端領導者的原則

在幫助你的員工創意思考時，有很多事情需要考慮。我們給遠距團隊領導者的原則，簡要說明如下：

- 從問題會議開始。
- 然後召開點子會議。
- 以決策會議結束。
- 用熱身活動開場。
- 開啟鏡頭和麥克風，關閉推播通知。

- 點子不會不好，但假設可能是錯的。

- 讓大家靜一靜。

- 利用分組討論，把大型會議變小。

- 兩人小組討論，分享心得。

- 用「排名選擇投票」的方式，快速消去選項。

如果你正在尋找工具來幫助你的團隊更有創意地解決問題，你可以到davidburkus.com/resources網站上獲得多種資源，例如模板、工作表、影片等等。

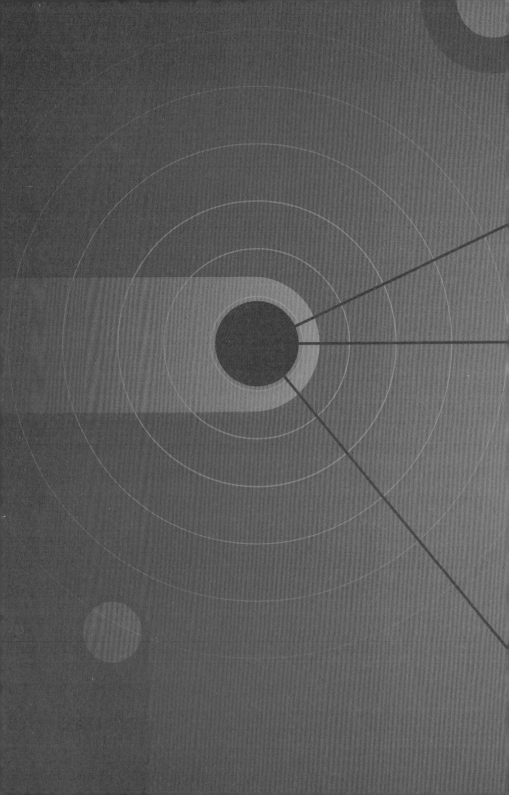

8

績　效　管　理

遠端時代的績效管理意味著，
拋開人要在場才有工作效率的想法。
相反地，聰明的遠端領導者知道，
他們的工作是幫助團隊設定目標、追蹤進展，
並獲得他們把工作做到最好所需的回饋意見。
這關係到支持你的團隊完成他們的工作，
而不是監視他們，檢查他們是否在工作。

對Actionable.co團隊來說，似乎沒有一項任務能夠實現工作開始時所預期的最終產品[74]。雖然這似乎令人困惑，但這也是他們這家分散式公司成功的祕訣。正如創辦人克里斯·泰勒（Chris Taylor）解釋的那樣：「我們最重要的績效工具，是訓練我們的團隊展示自己工作的目標和進度。」[75]事實上，正是這種工具讓Actionable.co開始起步。

Actionable.co是泰勒在2008年創辦的，這間公司與其說是一項事業，不如說是他用業餘時間開發出來的作品。在他職涯早期，他一直在努力獲得關注，為了改變這種狀況，他每週認真閱讀一本著名的商業書籍，並在他的網站上發表摘要和心得，同時進行實驗，將書中的經驗付諸實踐。基本上，泰勒是在向瀏覽他網站的人展現自己在學習過程中產生的思維和理解。到了那年底，數以萬計的人造訪了他的網站，他們想改善他們的工作和生活，而泰勒的摘要提供了學習和行動的好方法。

　　很快就有人邀請泰勒到他們的會議上演講，或在公司內部舉辦研討會，幫助他們應用泰勒在網上付諸實行的相同經驗。如果這對泰勒有效，對上千名的人也有效，他們採取行動而不光只是看書來改善他們的績效（和他們的生活），那麼對於工作團隊和整個公司來說，嘗試相同的方法肯定會奏效。這很快演變成泰勒創造出輔助工具，幫助主管在負擔不起現場培訓費用的情況下，讓單一團隊舉辦研討會。然後再次演變成，為其他企業講師創造資源，提供給不同的團隊，讓他們在團隊中不斷學習和應用見解。雖然此時泰勒已經離開他的另一份工作，專注於Actionable.co，但工作量增加得非常快，他無法繼續自己製作所有的東西。他需要招聘一個團隊，並建立一家真正的公司。

　　當泰勒需要這樣做的時候，他決定不讓地理因素成為阻礙。「從第一天起，我們就一直是遠端工作，」他回憶說，「我的整體理念一直是找到最優秀的人才，無論他們住在哪裡，然後想辦法與他們一起工作。」

隨著Actionable.co的發展，這意味著要找到散布在半個地球上的40多個人，每名成員在短期衝刺階段主要是獨立進行專案工作，然後再與團隊重新開會，並決定下一個衝刺階段的專案。

為了管理專案和績效，Actionable.co已經投入使用線上行事曆。該公司將一年分為三期，每一期是四個月（因為這只是簡單的數學計算）。在每一期裡，團隊會進行兩個為期六週的衝刺階段，其中有一些時間進行反思、重新聯繫和規劃。公司裡每個團隊都會設定一個年度目標，然後是每一期的目標，接著是該期衝刺階段可以做到的事項清單。

但大家都明白，到衝刺階段結束時，可以做到的事項可能與當初承諾時不一樣。「根據你在整個衝刺過程中所學到的東西，你對實際可行的想法會改變，」泰勒解釋說，「這沒關係，我們的重點是結果，而不是行動。我們只是想確保，你交出來的東西都符合專案的目標，即使它看起來與最初計畫的大不相同。」

著重結果，而不是行動。

這聽起來不錯，但如果你期望你的隊友做一件事，而六週後，他們交出了完全不同的東西，這豈不是讓人非常困惑？這就是展示自己工作目標和進度的意義所在。Actionable.co的每個人都應該定期分享他們的進展，宣傳他們的勝利，並在遇到困難時尋求幫助。每個團隊每週舉行一次站立會議，提供最新資訊，分享挑戰，並追蹤進展。公司每月舉行一次全員大會，檢視整個記分卡，瞭解大家這一期中的情況和做了哪些變更。此外，所有成員每兩週都會與團隊主管會面，進行輔導通話。

泰勒很快指出，輔導通話並非績效考核。「我認為那些績效考核都是胡說八道，」他說，「傳統的績效考核扼殺了對話，變得更像用最美化的方式呈現工作進展——大家擺出姿態和辯護，而不是討論和學習。但確實需要有一種方法，來向人們提供回饋意見。」因此，輔導通話成為機會，來檢討進展和討論如何消

除障礙以實現衝刺階段的目標。最後，在輔導通話中討論的所有內容都會被納入一個主要的試算表中，來追蹤該衝刺階段的專案，以及目前的進展（或沒有進展）。這樣每個人都可以即時看到其他人的情況，也許最重要的是，每個人都可以幫助陷入困境的人。

對 Actionable.co 來說，這個系統並不完美，但它完全適合他們所做的工作。而泰勒和整個公司都知道，長期下來系統會改變，甚至績效管理也會隨著過程進一步的發展而發生變化。但泰勒知道，他們必須建立一個系統，取代在面對面工作的團隊中不需要太費力就能發生的事情。

當你們都在同一個空間時，展示自己工作的目標和進度是很稀鬆平常的。同事會走到彼此的工作區問問題，或在休息室裡聊天，談論挫折和進展。管理人員經常「四處走動」來進行管理，在最好的情況下，這意味著定期關切人員；而在最壞的情況下，則意味著監視辦公室裡的人，只是為了確保他們待在自己的

座位前，而且沒有在看YouTube。

　　可悲的是，許多不得不快速過渡到遠端工作的公司，試圖透過關注錯誤的事情來管理績效：他們安裝了軟體來監視員工，就像最壞的情況下辦公室裡的主管一樣。在應變COVID-19和在家辦公的實驗期間，監控軟體的銷量激增。突然間，公司的每臺電腦都在追蹤人們使用了哪些應用程式，以及使用了多長時間。

　　但是，間諜軟體的做法是一個糟糕的主意，原因有很多。首先，它們實際上只是衡量員工是否在使用正確的應用程式，而不是他們是否正確地使用了這些應用程式。換句話說，他們衡量的是行動，而不是結果。此外，大量研究顯示，這些監控軟體會帶來一些意想不到的後果。貝勒大學（Baylor University）的約翰・卡爾森（John Carlson）在2017年領導的一項研究中，研究人員試圖預測員工辭職的可能性[76]。其中特別的是，他們發現公司使用監控軟體會大大增加員工的緊張感和對工作的不滿，並導致更大的辭職

念頭。同樣地，芬蘭于韋斯屈萊大學（University of Jyväskylä）的研究人員在2019年一項研究中發現，對員工的電子監控確實增加了他們的外在動機（為了獲得獎勵或避免懲罰而工作的動機），但從長遠來看，這會大大降低他們的內在動機（因為工作的樂趣而工作的動機），並可能降低他們的創意思考能力[77]。也許在那項研究中最重要的是，知道自己被監視的員工，更不可能付出額外的努力來幫助公司。

任何遠距團隊的績效管理計畫都必須建立在信任和自主性的基礎上，而不是靠監視軟體。你不是每天都和團隊一起在辦公室裡（用數位方式監控他們是行不通的），所以你必須相信他們會想出辦法完成分配給他們的任務。

這是一件好事，因為幾十年來，組織心理學家已經證明，工作中的自主性可以讓員工更有動力、更有效率，以及更有參與感。這類研究主要在1970年代開始，由兩位研究人員愛德華·迪西（Edward Deci）和

理查‧萊恩（Richard Ryan）發起，他們都是羅徹斯特大學（University of Rochester）的教授。兩人開始進行實驗，以找出真正激勵人類的因素，這些研究最終被稱為「自我決定論」（self-determination theory）。自我決定論的核心是自主性，即自行決定你的工作內容和工作方式的能力。這與現代的許多工作，甚至是知識型工作形成鮮明的對比。在現代，人們仍然被善意的領導者「微管理」，這種領導者認為對任務下達命令，並準確規定如何完成任務將有助於員工表現得更好。「自發的動機包括在完全自願和選擇的情況下行事，」迪西和萊恩寫道，「而受控的動機包括經歷來自外部力量的壓力和對特定結果的要求，在為了獲得特定結果的情況下行事。」[78] 他們的研究結果幾乎在所有情況下都贊同自主性。

在一項著名的研究中，迪西、萊恩以及福坦莫大學（Fordham University）的保羅‧巴德（Paul Baard）一起研究了美國主要投資銀行員工的自主性與績效之

間的關係。超過500名員工收到一組問卷，這些問卷旨在衡量他們的老闆考量員工觀點的程度、老闆是否提供有用的回饋意見，並讓員工選擇要做的內容和方法。對於每名填寫問卷的員工，研究人員還收集了他們的績效評估。在比較問卷和績效評估時，研究人員發現，員工對自主性的看法與他們整體績效之間存在顯著相關性。主管愈是交出控制權，讓員工決定要做什麼和怎麼做，員工就愈有可能把事情做好。

對遠端工作來說，這是個好兆頭，因為遠端工作已經從主管手中奪走很多控制權。

自主性要求遠距團隊領導者提供額外的回饋意見和輔導，或者引導自主員工發現幫助他們提高績效的能力，而不是控制權或指示員工如何完成任務的能力。迪西─萊恩─巴德的研究也發現了回饋意見與績效之間的密切關聯。你將無法看到你的員工在工作時的情況，但是對於他們的工作表現，你可以提供最新資訊，並指導他們找到更好的方法。

這裡還值得注意的是，自主性並不一定意味著完全獨立，迪西和萊恩很快指出這一點。他們寫道：「自主性意味著自願行動，有選擇的感覺，而獨立意味著獨自運作，不依賴他人。」[79]對遠端工作來說，這又是個好兆頭，因為遠端工作的性質通常是高度自主的，但**也是**高度協同合作的（意味著相互依靠多於獨立）。因此，雖然為了自主性的緣故，主管某些與控制相關的任務可能會被取消，但仍會出現與協作相關的新任務。

把自我決定論的許多經驗結合起來，並將它們應用在為自我決定量身定制的工作方式上，管理遠端績效的作用就開始形成了。利用自主動機的主管需要透過三項活動來幫助他們的員工：

- 設定目標（選擇工作內容）。
- 追蹤進展（衡量員工的表現）。
- 提供回饋意見（幫助員工做得更好）。

在本章中，我們將依次探討這三項活動。我們將回顧相關研究，介紹有效地完成這三項活動的方法，以及有些公司的員工在自主遠端的角色中表現得很出色，讓我們來學習這些公司的一些技巧和最佳做法。

◔ 設定目標

第一項活動對管理遠距團隊的績效極其重要，就是設定目標。在遠端工作中，除了遠端工作人員正在進行的工作之外，往往沒有什麼可以評判他們的標準。你無法追蹤他們的工作時間，或使用什麼方法完成工作。即使可以，也沒有什麼證據顯示這會很有幫助。例如，波士頓大學的艾琳‧里德（Erin Reid）進行的一項研究，對於那些聲稱每週工作80小時的人，與希望為了家庭能更彈性的人，追蹤了這兩種人的工作時間、產出和職涯軌跡[80]。里德發現，「理想員工」確實得到了漂亮的績效考核、獎金和晉升，而「靈活員

工」卻沒有。但當她以公正的角度挖掘績效數據時，她發現許多每週工作80小時的人實際上是假裝的。他們只是在假裝，他們的主管無法區分，那些真正工作那麼長時間的人和那些知道主管正在追蹤，並因此假裝工作的人。

不要成為被人矇騙的主管。請專注於目標和成果，而非他人聲稱自己工作有多努力。當你設定這些目標時，以下是幾個要考量的準則：

彼此設定目標。為了增加人們的自主性，重要的是無論你設定什麼樣的目標，都應該是從談話中得出哪些是需要做到的事情和哪些是符合現實情況。你不希望你的員工覺得，你只是給了他們一組隨便的目標，而沒有考慮他們的情況或時間範圍。如果人們覺得某個目標不可行，他們就不會為此付出什麼努力。而使目標看起來可以實現的最好方法，是在相互討論時共同創造目標。

就意圖取得一致意見。在談話期間，確保傳達

出對目標和可做到的事情背後的意圖。正如我們在Actionable.co公司所看到的那樣，通常當人們投入專案時，他們會意識到自己設定的目標實際上是不可行或不理想的，因此需要改變目標，這就是為什麼瞭解專案背後的意圖極其重要。如果人們瞭解他們為什麼要從事某個專案，那麼他們就會處於最佳狀態，可以根據需要調整專案，但仍然能實現所需的結果。

縮短時間範圍。我在其他書中寫過，年度績效評估並不能對績效進行有意義的檢討，因為時間拉得實在太長，無法提供真正的回饋。事實也證明，按照年度目標，甚至是季度目標進行管理，同樣無法產生激勵效果。在約翰霍普金斯大學教授朱萌（Meng Zhu）領導的一項研究中，發現更長的截止日期會誤導工作人員認為，任務比實際情形更困難[81]。這反過來又使他們更有可能拖延，更有可能放棄。因此，專案的截止日期要盡可能縮短。如果你需要的話，可以把較大

的專案分成更小的任務，並縮短期限，以維持人們的注意力。（這樣有一個額外的好處，即確保專案調整對團隊其他成員的影響降至最低，因為他們也會更快地看到變化。）

這三項準則並不全面，根據所做的工作和公司政策，你可能需要考慮更多事項。但是，如果你做到這三點，那麼你將為團隊設定足夠清晰且令人信服的目標，並且可以更容易追蹤他們的進度。

🔍 追蹤進展

除了設定清晰且令人信服的目標之外，追蹤這些目標的進展是遠距團隊領導者最重要的工作之一。花時間來標示距離目標的進展，這是保持幹勁的有效方法。事實上，研究一直顯示，在我們的動力中，最有效的因素是事情有進展的感覺。哈佛商學院教授泰瑞莎・艾默伯（Teresa Amabile）是這項

研究的重要人物，她最著名的研究之一是要捕捉她所謂的「內在工作狀態」（inner work life）或工作體驗。該研究在為期四個月的時間裡，追蹤了來自七家公司的200多名員工[82]。一天結束時，每個人都會收到一份「日誌」調查，請他們反思自己的情緒、心情、動機和對工作環境的看法，以及他們當天所做的工作。總而言之，艾默伯和她的團隊收集了近1萬2000份日誌，其中包括從極其正面到令人沮喪的負面日子的紀錄。

當他們完成對每篇日記的梳理後，研究人員發現，果不其然，在正面的日子比在負面的日子更有效率。但令人驚訝的是，造成好日子或壞日子的最常見觸發因素，不是同事或老闆，甚至不是巨額的獎金支票，而只是個人或團隊在工作中獲得進展的感覺。而最糟糕日子的觸發因素恰恰相反：面臨意想不到的挫折。

艾默伯開始稱其為「進展法則」[83]。在我們的工作經驗，以及我們的動力中，最有效的因素是在有意義

的工作上取得進展。

此外，隨著人們朝著目標向前邁進時，他們會付出更多的努力來達成。研究人員已經在各種情況下看到進展對努力的影響，從在實驗室內進行的任務，到在接近目標時籌集更多資金的籌款活動[84]，而我最喜歡的例子則是，當人們的集點卡可以更快兌換甜美的免費咖啡時，他們會更頻繁地在當地咖啡館購買咖啡[85]。

身為團隊主管，你的工作是創造集點卡，並展示你的員工的進展，讓他們保持幹勁。以下是幫助追蹤進展時，要遵循的一些最佳做法：

定期親自關切。 每個組織、甚至每個團隊都有不同的關切頻率。有些團隊每天以「每日立會」開始，檢查進展，並向團隊中的每個人通報最新情況。其他團隊則依靠每週或每月的會議。這些會議都很好，正確的時間範圍實際上取決於正在進行的工作。但是，這些會議都不應該取代你與團隊每名成員進行的一對一關切。你需要至少每隔一週進行一次單獨關切。為

什麼？因為人們在團隊通話會議上可能不會完全明確地談論他們所面臨的障礙（在某些情況下，也不會誠實地說明他們有多大的進展，因為誰想讓人覺得他們在吹牛？）。因此，要確定人們的情況，唯一方法是私下詢問他們。

對不同的人，用不同的關切方式。這些不是正式的績效評估，因此沒有必要在團隊成員之間使用標準化評估。理想的情況是，你同樣地對每個人表達關切，但同樣並不意味著**相同**。有些人會偏好每週甚至每天關切（尤其是那些剛加入團隊的人），而另一些人會覺得這樣會太常打擾到他們，所以寧願每隔一週聊一下。此外，你的關切方式可能會有所不同。有些人偏好安排視訊通話，讓他們討論各種各樣的事情，而團隊中其他人則希望快速寄給你一封電子郵件，說明最新情況和問題。當你更瞭解團隊中的每個人時，你會做出相應的調整。但如果你不知道成員的偏好，那就問吧。

　　把進展回傳給團隊知道。 無論使用何種方法來親自關切，都要確保獲得進展，並回傳給團隊。如果你想發展一種制度（或期望），讓你的團隊「展示自己的工作目標和進度」，如 Actionable.co 的例子一樣，那是最理想的。但如果不是這樣，你仍然需要確保進展和專案調整，並傳達給團隊知道，尤其是工作受到影響的其他成員。在你回傳進展時，這也是與團隊其他成員一起慶祝某個人成功的好時機。當團隊中的某個人有所進展時，整個團隊就會向前邁進。

　　但是，在你關切時，有時候會遇到完全陷入困境，或進度落後的隊友。當這種情況發生時，你身為領導者的工作就變成提供他們所需的回饋意見，讓他們再次朝著正確的方向前進。

● 提供回饋意見

　　管理績效不可缺少的，是對觀察到的績效提供回饋意見。我們強調了注重結果，而非行動的重要性。但有時候，明顯可見的行動顯然沒有產生預期的結果。在這些情況下，提供回饋意見，並找到改變行動的方法極其重要。但是，提供回饋意見不僅僅是指出什麼是對的，什麼是錯的，或者甚至將兩者放在精心製作（但味道糟糕）的稱讚三明治中*。

　　把人的問題和流程的問題分開。著名的管理學者愛德華・戴明（W. Edwards Deming）有句名言：「糟糕的系統總是會打垮好人。」[86]或者，正如 Priority VA（一家專注於為企業家提供虛擬行政助理的分散式公司）的翠維尼亞・巴博（Trivinia Barber）所說：「當我發現問題時，我試著做的第一件事，就是試著確認這

---

* 在開始的時候，表揚別人（正面反饋），然後中間指出需要改進的地方（負面反饋），最後再包裹上讚美之詞。

是人的問題，還是流程的問題。」[87]巴博一直處於數百個遠端工作勞資關係的中心，發現大多數問題實際上都是流程的問題，例如指示不明確，或沒有提供資源。提前花些時間，確定你發現的績效問題是否真的是人的問題，這將在你與隊友討論之前為你節省很多時間，並且在討論之後幫助你找到更好的解決方案。

提供明確和有建設性的回饋意見。 具體概述你所觀察到的、聽到的、注意到的或讀到的內容。專注於確切、具體的行為，不要假設行為背後的任何意圖。你在談話中的目標之一，應該是發現意圖，但如果你直截了當地說出你的假設，你可能會破壞隊友對你坦承的機會。如果你需要，請提前寫下你的行動清單，這樣你就可以在當下保持專注。除了概述已完成的工作之外，透過檢視有哪些應該完成的工作，或哪些行動本應是更好的選擇，提供建設性的回饋。

關注行動背後的影響。 除此之外，在具體行動的同時，你不希望被視為一個只是事事都要管的主管。

因此，你還需要設想到每個行動帶來的影響，說明行動如何影響團隊、客戶或其他利害關係人。根據不同的行動，這可能是正面或負面的影響。專注於影響的層面，可以防止談話變得防禦心過重，但也提醒隊友為什麼他們所做的工作如此重要，以及為什麼做好它這件事重要到讓你需要介入。

不要光是說話，還要聆聽。如果你擔任領導者的時間已經比幾分鐘還長，你就會知道，當人們覺得自己可以自由做出貢獻時，往往會最快樂、最有效率，這包括可以參與有關自己表現的討論對話——這不只是讓他們列出「藉口」。如果你提前在流程問題中，區隔開人員問題，那麼你已經從討論對話中刪除了人員問題。然而，傾聽他們，意味著在他們努力工作時，瞭解一下他們的感受、情緒和挫折。這將使你更容易決定適當的行動計畫來提高績效。要知道你是否聽得夠多，最好的方法是追蹤你提出了多少問題，以及你說了多少的話。如果你只是對他們說話，那麼你就是

在發表一人獨白，而不是在進行對話。

在解決方案上通力合作。你透過傾聽，成功地把他們帶入談話中，並更好地理解他們的觀點和情緒，現在該一起尋找解決方案了。就未來的行為和行動達成共識，可以增加隊友的承諾，從而增加讓變革持續下去的機會。此外，如果計畫中的某些事情開始出錯，隊友也會覺得自己可以再次與你坦承地對話。

雖然我們在建設性回饋意見的背景下，開始討論回饋意見，但理想情況是定期給予反饋，而不是只有在觀察到負面行為時，才給予回饋意見。如果你定期關切狀況，那麼你就固定有機會更有效地提供反饋。同樣地，定期關切也使你更有可能儘早發現這些流程問題。

管理績效是領導遠距團隊最重要的層面之一，但對於新的遠距團隊領導者來說，也是其中一個最困難的層面。由於無法記錄人們何時來上班，以及他們工

作了多久，許多主管覺得他們無法評估某人的表現。好消息是，無論如何，這些事情從未真正反映個人的表現。相反地，聰明的領導者專注於結果，而不是行動，並把績效管理的重點放在追蹤這些結果的進展上，消除在達成結果的過程中發現的任何障礙。

🌑 給遠端領導者的原則

在管理績效時，有很多變動部分需要追蹤，尤其是在透過信任和自主性，而不是用下命令和控制來進行管理時。我們給遠距團隊領導者的原則，簡要說明如下：

- 著重結果，而不是行動。
- 彼此設定目標。
- 就意圖取得一致意見。
- 縮短時間範圍。

- 定期親自關切。

- 對不同的人，用不同的關切方式。

- 把進展回傳給團隊知道。

- 把人的問題和流程的問題分開。

- 提供明確和有建設性的回饋意見。

- 關注行動背後的影響。

- 不要光是說話，還要聆聽。

- 在解決方案上通力合作。

如果你正在尋找工具來幫助你的團隊運用這些績效管理的規則，你可以到davidburkus.com/resources網站上獲得多種資源，例如模板、工作表、影片等。

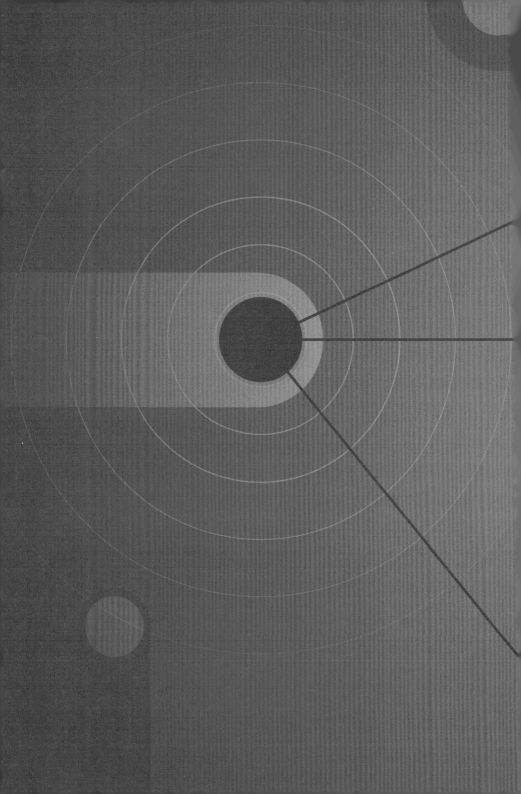

幫助成員投入工作

關於領導遠距團隊的一個常見誤解是，
這樣會更難幫助成員投入工作。
幾十年來，進辦公室的公司一直依靠辦公室福利，
例如免費食物、桌上足球桌，甚至托兒所或乾洗服務，
來維持員工的專注和動力。
但實際上，具備遠端工作的能力，
往往會大大提升員工的專注和動力。
對於遠端員工而言，投入工作並不是要幫助他們更努力地工作，
而是確保他們不會太努力工作，並幫助他們減少干擾。

麥克・德賈登（Mike Desjardins）在他職涯的大部分時間裡，一直致力於減少過勞和改善人們的工作體驗。事實上，這就是他創辦遠端領導力開發公司ViRTUS的原因。

　　「我開始做這個事業是因為我過勞了，」德賈登解釋說，「或者，更確切地說，我昏倒了。」[88]他當時26歲，從各方面來看，他的水處理產品銷售事業蒸蒸日上，但也讓他付出代價。長時間工作、大量的出差，以及需要「隨時隨地」回應客戶的要求，意味著很少有時間休息和養精蓄銳。1998年，德賈登去加州拉霍亞（La Jolla）出差時，他早早起床準備迎接這一天。他從床上爬起來然後立刻就昏迷了三次。當他弄清楚發生了什麼事情後，他打電話給同事，請他們取消他當天所有的會議。接下來的三天，他才開始感覺恢復正常。他又花了六個月的時間來處理發生的事情，並離開這份耗盡他全部精力的工作。

　　但他轉換跑道，創立了ViRTUS，來掌控自己的

事業和（但願還有）生活。早期，這家公司並不是遠端工作。實體的辦公地點更容易在工作和生活之間畫分界線，德賈登堅持要為自己和他的團隊尊重這些界線。事實上，他們不斷成長，需要愈來愈多的辦公空間，在前九年裡，他們就搬了三次辦公室。2009年夏天，他從一位企業家朋友那裡學到遠端運作整間公司的知識，並意識到，如果他們搬到遠端工作場所，可以節省多少成本，並為團隊的每個人帶來多少好處。2009年秋天，他們毅然決然地選擇了遠端工作。然後2010年，公司業績爆炸式成長。在這幾個月內，他們與加拿大的幾家大公司簽訂了領導力發展協議，其中包括最大的電信公司到最大的連鎖餐廳之一。這些契約的規模代表要僱用更多的人，而在過去，這意味著要租用更多的辦公空間，以及要到加拿大各地出差，但是由於他們已經是遠端工作，已經準備好迎接業務成長而不必擔心任何這些細節。

　　他們仍然在溫哥華設有一個小辦公室，但主要

只用來存放投影機、輔助教材和其他用品，德賈登甚至把它稱做高級儲物室。雖然成為遠距公司有助於更輕鬆地為新客戶提供服務（並為他們節省了大筆的租金），但同時也打開大門讓一個意想不到的老敵人——過勞——重新走進德賈登的生活。

但這一次不只是德賈登，是整個公司都受害。他很快注意到，遠端工作讓他大多數的員工每天都**更加努力地工作**。由於沒有實體地點提供工作和生活之間的界線，公司中的每個人都不知不覺忍不住要更努力地工作，並延長工作時間。「他們不休息，不吃午飯，整天都在回覆電子郵件，」他說，「突然之間，我們所有的上班日都工作長達 12 個小時。在遠端工作的頭六個月裡，整間公司的人都過勞了。」

然而這一次，德賈登察覺跡象的能力更加熟練一點，所以沒有人員昏倒。轉移到遠端工作，這個做法威脅到他建立一家不會過勞的公司的使命，但他過去的經歷幫助他迅速採取行動。他和一些員工中的領導

力發展促進人員把注意力從客戶轉移到自己的公司，他們與20多名員工中大部分的人進行面談，並很快找到問題和解決方案。他們需要劃定更好的界線，並提供更務實的期望和團隊規範。

整個公司採取了有力的措施。他們設定一個期望，是人們需要在他們所在時區的正常工作時間內做出回應，而不是在其他時間。這代表他們預期員工在晚上和周末不做任何回應。這也意味著要訓練員工下班後在手機上設定「請勿打擾」模式，並在公司內部系統上標記他們何時在電腦前，何時不在電腦前。

最重要的是，這意味著訓練他們的客戶在與**他們**合作，以及在自己的公司工作時，要有合理的期望。「我記得當我們認真對待界線問題時，有一位客戶安排在午餐時間開會，」德賈登回憶道，「這家公司剛剛讓數萬名員工帶著手機和筆記型電腦回家，並告訴他們要遠端工作，然後他們開始在午餐時間安排會議。」因此，德賈登和他的團隊登錄了視訊通話，而

他們的午餐就擺在螢幕前面。起初，客戶公司的成員很困惑，但德賈登很快就插話了，他說：「你們把會議安排在午餐時間，所以我們帶了午餐。你們為什麼不去拿你們的午餐，這樣我們說話的時候，你們也可以吃東西？」很快，客戶就不再要求在中午召開遠距會議。

在另一個客戶那裡，ViRTUS團隊開始注意到，該公司員工安排的會議緊接在一起，沒有給他們緩衝的時間。因此，每當他們與這個客戶安排會議時，他們制定的議程都故意比預定的時間少15分鐘。他們在每次會議結束時都會說：「好了，我們完成議程了，所以我猜你的行事曆上又有15分鐘了。」這樣過了幾個星期，客戶開始注意到這種模式，並向他們詢問此事。德賈登說：「歸根結柢，這不是關乎15分鐘的事情。我們希望他們學會給自己留出休息時間。我們認為，我們必須先建立起一個模式。」

德賈登透過領導這家遠距公司，並與其他遠距組

織合作，在ViRTUS成立20年的大部分時間裡，一直站在與職業過勞抗爭的前線。因此，他一次又一次地目睹了這類的事情，這些事情是會讓許多要轉換到遠端工作的領導者感到驚訝的。人們在家工作的效率並沒有降低，你無需更加努力地讓他們投入工作和維持幹勁。事實上，他們的工作效率和投入程度往往比他們進辦公室的同事**更高**。讓你的遠距團隊投入，是為了確保他們不會工作得**太**認真。否則，不可避免地會過勞。投入是指幫助他們發展一種模式或紀律，讓他們保持高效，同時也保持健康。

正如戴夫・庫克（Dave Cook）最近發表的一項研究指出，當遠端工作者面臨平衡生活的不同領域時，這種紀律也變得極其重要[89]。這項研究調查了16名最遠距的遠端工作者，即庫克所謂的「數位遊牧工作者」（digital nomad）。這些人在熱門（但成本低廉）的旅遊地點（主要在泰國及其周邊地區）尋找共享工作空間。庫克並不只是做了一個簡單的調查。相反

地，他建立了一個群組，由16名數位遊牧工作者組成，並在四年內追蹤他們。他發現，這些遠端工作者在遠端工作的最初幾個禮拜都在掙扎，原因是他所謂的「自由陷阱」。這些遊牧工作者可以在任何想要的時候做他們想做的事，但沒有培養出有效工作所需的自律，也無法有效利用閒暇時間來養精蓄銳。因為他們可以隨時隨地工作，所以他們隨時隨地都在工作。一開始還好，直到他們筋疲力盡。幸運的是，他追蹤的許多遠端工作者最終確實培養了這種紀律，但這種掙扎是真實存在（並且要經過時間）的。

當你檢視所有關於讓遠端工作者投入工作的研究時，通往有效遠端工作的道路上，兩側有兩條又寬又深的壕溝，若過於傾向一邊，人們可能會陷入過勞，但向另一邊傾斜太多，人們則會因為工作和生活之間的界線模糊而遭受干擾太多的風險。因此，在本章中，我們將研究遠距團隊領導者如何幫助員工避免落入這兩種困境裡。我們將檢視對這兩種現象的研究，

並提供一些實用的策略，來避免過勞和限制干擾。

　　哦，還有一點要注意：這些建議不是針對你的團隊，而是針對你的。如果你一直在發送電子郵件，你的員工會認為他們也應該這樣做。如果你不刻意限制干擾，那麼你的員工也不會刻意限制干擾。因此，你首先要樹立榜樣，然後幫助他們找到方法。

🌑 避免過勞

　　幾十年來，美國企業界的許多人開玩笑說，在家辦公等同「沒在工作」。但這些笑話並沒有反映許多遠端工作者所經歷的現實狀況。相較於「沒在工作」，遠端工作更經常導致工作過度和過勞。

　　英國克蘭菲爾德大學（Cranfield University）的研究人員克萊兒・凱利赫（Clare Kelliher）和迪爾卓・安德森（Deirdre Anderson）在對三個組織700多名遠端工作者的研究中發現，遠端工作者往往只是因為在遠

端工作而付出更多的心力[90]。受訪的員工認為，他們的雇主提供他們彈性的工作條件，這是在幫他們（如果你讀到這裡，你就會知道，儘管給了員工讓他們能表現得更好的東西，也並不完全算是一種幫忙）。為了彌補這一點，遠端工作者加強了在工作中的努力。這種強化有多種形式，可能是工作時間更長，或者將本來的家庭時間轉換成工作時間，從事工作的任務；甚至在生病時還繼續工作，而原本生病是可以讓他們不用去傳統辦公室上班的。總之，結果都是一樣的：遠距員工幾乎一定比最初的計畫，或事前同意的情況，還更努力工作。而工作時間愈長，工作時間和休息時間之間的區別愈小，絕對會導致過勞。

幸運的是，這種情況可以被扭轉過來。就像庫克研究中的數位遊牧工作者一樣，你只需要培養一些紀律。

設定「上班」時間。未必要是正常朝九晚五的工作時間，但是在其他人都在上班的時間上班有非常實

際的好處，這樣在正常上班時間之外，你就不用處理什麼事情了。雖然就算對傳統辦公室職員來說，科技（以及在手機上讀取工作的電子郵件）有可能消除這個界線，然而最高效的員工已經培養能恢復界線的紀律。如果你想專注於工作並避免工作過度，你需要制定固定的時間表，明定何時工作，何時不工作。你可以彈性地在時間表中安排大量休息時間，但這並不是給你理由可以不制定時間表並且不按照時間工作。如果沒有這些固定的時間，有什麼可以阻止你在看電影的過程中靈光乍現，就打開筆記型電腦，然後在接下來的三個小時內處理這件事呢？相反地，做你通常會做的事情來捕獲這個靈感，這樣你就可以在第二天你的上班時間「開始」時，回去繼續完成這個靈感。你可能仍然會在「工作時間」之外收到推播提醒和通知，但有固定的例行慣例會讓你更有可能先跳過這些事情，並在你下次「上班」時做出回應。同樣地，要確保你知道團隊中其他人的時間表，這樣你也可以尊重

他們的個人工作時間。

　　養成下班的儀式。有時候，除了設定既定的時間之外，你還需要建立一個良好的儀式，來表示是結束一天的時候了。這可能是清理你的電子郵件收件匣（這件事你可要自求多福了）；或安排明天的時間處理未完成的任務；或者儀式可以是一句特殊的話或肯定。我的朋友卡爾‧紐波特（Cal Newport）是一位傑出的作家，他有一個很棒的儀式。在每個工作日結束時，他會查看他的任務清單和接下來兩週的時間表，以確保他有計畫來完成每項任務，然後他關閉電腦，並說出這些神奇的話：計畫停止……完成了[91]。「這是我的規則，」紐波特解釋說：「在我說出這句神奇的話後，如果腦海中突然出現和工作有關的憂慮，我總是依序用以下的念頭來回應我的憂慮：（1）我說了終止句；（2）如果我沒有檢查我所有的任務、我的行事曆和我的每週計畫，確認已經知道所有事情，並且一切都在我的控制之中，我也不會說這句話；（3）因此，

不必擔心。」內心的平靜最終是下班儀式的重點，即使是聽起來像紐波特的魔法咒語一樣好笑。

　　當你改變模式時，要更換設備。在我大學畢業後的第一份真正工作中，公司給我配了一臺筆記型電腦，它跑得很慢又很重，一直以來都有傳出公司用各種不道德的程式來「監視」員工的謠言。但由於我還有大學時的筆記型電腦，我就一直用來處理我所有的個人任務。在一天結束時必須切換設備，並不是一種負擔，而是一件好事，我仍然用行動裝置來保持這種好習慣。我有一支智慧型手機，裡面安裝了與工作相關的電子郵件和應用程式，以及一臺只安裝了個人社群媒體和娛樂內容的平板電腦。我的下班儀式需要上樓到我們的3C用品充電站，切換設備。透過切換設備我就可以繼續工作，但是必須走進另一間房間產生恰到好處的距離，讓我不去做這件事（大多數時候是啦）。如果你是用個人的電腦來工作，而且不想再弄第二臺電腦，那麼可以考慮在作業系統中設定兩個不

同的使用者。然後把「工作中」使用者登出，並以「非工作中」使用者登錄。

到外面走走。這適用於你的休息時間或工作前後的時間。務必花時間走到室外，盡量接觸你工作場所附近的大自然。研究一致顯示，你可以採取的最有恢復效果的休息，是接觸大自然，這不僅讓你更能恢復元氣，而且感覺更快樂[92]。靠近樹木、植物、河流或任何水體的東西，都會對大腦的休息能力產生強大的影響[93]。在戶外散步聽起來可能與你疲倦時想做的事情相反，但是比起癱在沙發上重看第七次的《六人行》（*Friends*），到附近的公園短暫散個步，或騎登山車20分鐘，會讓你事後感覺好得多。事實上，如果你仍然不相信我說的話，那也沒關係。最近的一項研究甚至顯示，人們經常低估他們在附近自然環境中短暫散步後的快樂程度[94]。因此，當你感到壓力升高或精神不濟時，不要再灌咖啡了，到外面呼吸幾分鐘的新鮮空氣。

　　無論你是將這些具體做法納入你的日常工作，還是發展自己的做法，重要的是要記住，這關係到什麼時候要喊停，然後把焦點重新放在你生活中的其他層面。在家辦公很容易讓工作變成你的生活。但是放下工作，休息一下，會讓工作變得更好，從長遠來看，有時候故意**不工作**是你能為自己做的最有效率的事情。

🕐 限制干擾

　　通往有效遠端工作的道路上，另一側讓我們無法工作的壕溝是：干擾。務必要先說清楚，干擾並不是遠端工作所獨有的。事實上，面對面工作的辦公室可能比居家辦公室或咖啡店**更讓人分心**（特別如果是開放式的辦公室格局，用的是長桌代替一個人一張辦公桌，而且沒有指定的座位）。但每種類型的工作空間都有無意中埋下的地雷，可以破壞你的注意力。

　　同樣值得注意的是，並非所有干擾都是一樣的。

有些干擾是由遠端工作帶來的自然干擾（例如家人和朋友打擾你）；但其他干擾可能顯示你的工作沒有讓你投入其中，或者至少你應該做的工作沒有得到充分的界定。如果你在家裡工作，盯著一堆含糊不清的電子郵件，而不知道如何回覆，就很容易突然想到你需要看一下社群媒體。（辦公室也會發生這種情況，只需向你的 IT 人員要一份報表，看看臉書和 YouTube 每天耗用多少公司的網路頻寬就知道了。）

但是，你可以採取一些事情來限制整體的干擾因素，並使「暫時」從工作中抽身的誘惑大大減少。正如你可能已經發現的那樣，「暫時」很少是一下子，也很少只是幾秒鐘。以下是幾個行之有效的策略，你可以試試：

建立工作／生活的界線。在工作和生活之間建立一些界線，對於限制干擾將有很大的幫助。在過去的工作方式中，上班本身就是一種跨越物理界線的日常儀式。離開家，開車或搭火車去辦公室的行為，有助

於我們為接下來的任務轉換思緒。現在，家庭和工作之間的距離僅有數步之遙，而非相距數里，因此很難建立實體界線，但這也使得界線變得更為重要。在家裡創造不同的「區域」，哪裡是工作的地方，哪裡是不工作的地方，這樣可以幫助建立限制干擾的心理界線。（這也意味著在你開始工作之前，把你的睡衣換成你的「上班睡衣」*。）如果無法在家中建立這些界線，請考慮加入共享工作空間，這樣你就可以和幾十個人一起單獨工作，他們同樣需要實際隔離誘惑，才有辦法自律。在搬進有專門辦公室的房子之前，我加入我家當地的一家共享工作空間的會員，會帶著一臺充飽電的筆記型電腦，並且不會帶充電線。我必須保持專注，因為在電池耗盡之前，我的時間有限。然後我會回家充電，並處理較不困難的任務。現在可供選擇的付費共享工作空間比以往還要更多，而且也比

---

* 自從居家辦公盛行之後，人們開始有與以往不同的居家服需求，上半身要適合出現在視訊會議的鏡頭前，而下半身則是寬鬆舒適的材質。

以往有更多多樣化的地點可以選擇，這些地點會接受（甚至迎合）遠端工作者。從咖啡店、餐廳到公園和圖書館，如果需要的話，你有無數選擇可以去「其他地方」完成工作。

對人設立界線。如果你生活中的人不尊重實體界線，世界上所有的實體界線都不會有意義。朋友、家人，尤其是孩子，可能會把你在家辦公的日子視為你只不過單純地在家裡，所以你有空陪他們。如果你已經建立固定的慣例，請明確表示他們應該認為你在這些時間很忙，並且對於他們要找你，你的默認回答為「不行」。如果這聽起來很嚴苛，你可以採用「午休」規則，只有在符合辦公室工作正常午休時間的情況下，你才會答應他們來找你。去拿乾洗的衣服？好。去買這週的雜貨？不可以。如果你已經設定好實際的工作地點，要明確說明何時歡迎其他人來找你，何時不歡迎他們。在我們家，唯一最有效的工具是我辦公室門把上那個2.07美元的「請勿打擾」紅色掛牌。這

個舉動花了一點時間，但我們最終訓練了我的兩個兒子要尊重三個視覺線索。如果我的門是開著的，歡迎他們進來。如果門是關著的，他們應該先敲門，並告訴我他們想要什麼。如果門把上有紅色掛牌，他們應該轉身回到樓上去。

分批處理你的任務。當我們一天中沒有什麼規則結構時，最容易分散注意力。你可能正在做許多專案，但不知怎麼地，你卻在維基百科上學習細趾蟾科的青蛙或紐奧良戰役（Battle of New Orleans）。為了避免這種情況，請將你的一天（或一週）視為好幾個時段，在特定時間只做特定任務。這可能代表，每天的前90分鐘都花在電子郵件和溝通上，然後，在短暫的上廁所休息後，接下來的90分鐘用於專注在更大的課題。午餐後是開會時間，既是團隊會議，也是你讓其他隊友提問的辦公時間。你甚至可以創造「主題日」，第一天的全部焦點是一個特定專案，第二天保留給會議，而第三天則專門用於關切狀況和向你的

員工提供回饋意見。當時段開始時，你可能仍然有一些任務需要處理，但至少你已經縮小了你的選擇範圍……而瀏覽維基百科不會是其中之一。

這些策略可能不會在你和干擾之間建立一道堅不可摧的牆，但它們至少會減緩那些試圖偷偷靠近你的干擾，讓你在工作時更專注於工作，並且（但願）幫助你用更少的時間，同時完成更多的工作。

　

讓員工和你自己投入工作，對於任何領導者而言，一向都是當務之急。當我們走在過勞和干擾之間的狹窄小路時，大家都會偶爾絆倒。但是，如果你豎起一些護欄，並鼓勵你的員工也這樣做，你將能夠增加他們在整個旅程中保持高效和健康的可能性。

🕐 給遠端領導者的原則

你可以做很多事情來幫助你的團隊投入工作，但首先要讓你自己投入工作。我們給遠距團隊領導者的原則，簡要說明如下：

- 設定「上班」時間。
- 養成下班的儀式。
- 當你改變模式時，要更換設備。
- 到外面走走。
- 建立工作／生活的界線。
- 對人設立界線。
- 分批處理你的任務。

如果你正在尋找工具來幫助你的團隊避免過勞和消除干擾，你可以到davidburkus.com/resources網站上獲得多種資源，例如模板、工作表、影片等等。

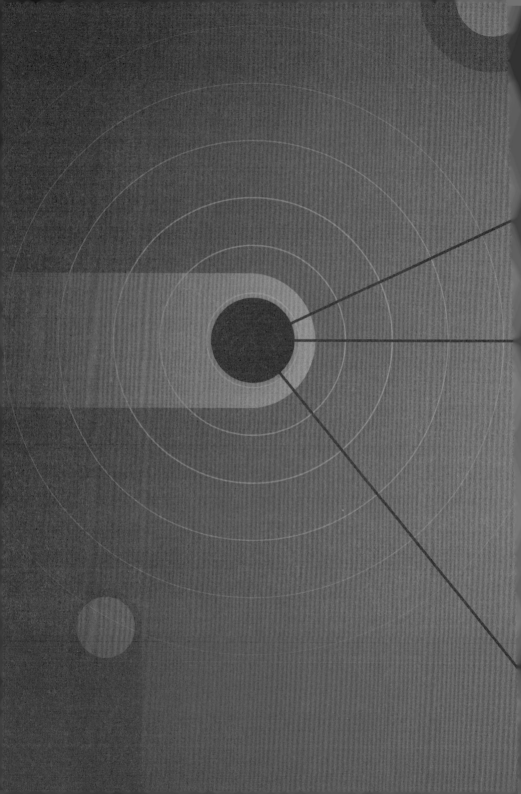

10

思 考 離 職 的 事

即使是最好的遠距團隊，久而久之也會發生變化，
像是成員會換團隊（或換公司），而領導者也會換人。
為遠距團隊做好成功的準備，其中之一就是幫助他們道別，
不僅讓剩餘的成員繼續投入工作，
而且讓整個團隊為新團隊和成員做最好的準備。

在蘿拉‧加斯納‧奧汀（Laura Gassner Otting）擔任非營利專業人士諮詢集團（Nonprofit Professionals Advisory Group，NPAG）執行長的最後一天，沒有人向她說再見[95]。但是，平心而論，她花了五年時間讓團隊為她的離開做好準備。

奧汀在創辦公司時，就有一個火熱的使命，即遠端工作將在其中發揮極大作用。她在美國一家最受重視的非營利性獵頭公司擁有成功的職業生涯，但有些事情一直困擾著她，奧汀解釋說：「大多數預收費用的獵頭公司都會為成功的媒合案子抽取1/3年薪。這意味著，如果我正在找一個年薪30萬美元的大型基金會副總裁，我可以獲得10萬美元。但是，如果我要為當地的家暴庇護所尋找年薪6萬美元的籌款主任，我會拿到2萬美元，但這樣的人才比傭金高的案子更難找得到，而那些非營利組織更需要我們的幫助。」

由於這個業界創造的獎勵機制與奧汀的價值觀不同，她對此感到沮喪，於是她獨立開創新事業，就像

她想要幫助的客戶一樣，以使命為導向的方式來搜尋人才。但這也代表她要盡可能地削減成本，而辦公空間是個容易削減的成本。在大多數獵頭領域，公司都在城市的精華地段尋找較大的辦公室，但很少用於與客戶互動。「辦公室裡唯一發生的事情就是員工可以聚在一起！」奧汀驚呼道，「如果我與客戶見面，我會約在他們的辦公室，因為我們想瞭解他們和他們的文化。如果我與潛在應徵者見面，我會約在飯店大廳或咖啡店等低調地點，因為沒有主管希望被人看到走進獵頭公司的辦公室。」奧汀無法證明花錢支付精美辦公室的費用是合理的，所以她就沒有這麼做。她開始在家辦公，隨著公司發展並僱用更多人，她要求他們也這樣做。

「我們省掉了龐大的開銷，」她說，「這讓我們能夠真正服務最需要我們幫助的客戶。我們做到了，一切都是靠遠端工作的方式做到的。」

在接下來的十年裡，非營利專業人士諮詢集團從

她一個人，發展到有23名員工，所有人都是遠端工作。儘管相距遙遠，但他們建立了強大的公司文化，並取得一些很棒的戰績，從替大型知名基金會的職位媒合，到以使命為導向的小型機構的職位，而後者也是他們最初希望服務的對象。

他們獲得如此多的成就，以至於奧汀開始感到無聊。她不是對這種影響感到厭煩，而是渴望不同的挑戰。（在工作之外，她還是一名賽艇運動員、馬拉松選手、社會運動分子和青少年的家長，所以你可以看出她受到不斷變化的新事物所驅使。）她第一個想要接受新體驗的願望發生在十年左右的分界點，那時她開始和她的商業夥伴討論她的想法，以及她的合夥人對於帶領公司的準備程度。她很快就意識到，讓她的團隊為她的離開做好準備將是一個挑戰。雖然她期待新的機會，也很清楚公司將從新的領導類型中受益，但公司裡許多人需要得到保證，公司一直以來的方式並不應該一直如此。他們需要對自己充滿信心，相信

他們可以在沒有創辦人監督的情況下，完成工作，並且做得很好。她花了幾年時間才規劃出她的離職計畫，最後一年專注於讓她的合夥人成為新的執行長和把其他人升職到領導的職位。為了離職，她在各方面用盡心思，著眼於這些新領導者在職務上的表現。

「我放下自尊，」奧汀回憶道，「這不是關乎我和我離職，這是關乎他們的升遷。即使在新聞稿中，我離開公司的事也被掩蓋得很好，我們也指望人們不會注意到。」在某種程度上，人們並沒有注意到。她轉向寫作和演講的工作已經好幾年了，但她仍然從人脈中接到電話，詢問是否可以聘請她的公司來進行獵頭。

對奧汀來說，在她自己公司的最後一天，沒有人對此事說過一句話，這是她為公司做好無縫離職準備的最好徵兆。當然，大家最終都向她說了更正式的道別話語。但對於公司而言，奧汀的最後一天是他們過渡計畫的第一天，而這正是他們的重點所在。就像她為許多以使命為導向的小型非營利組織所做的事情一

樣，她為她的組織提供了一位出色的新領導者，大家都很高興能立即與新領導者開始共事。

即使你像奧汀一樣，在幫助主管管理任期內的過渡階段，有20年的豐富經驗，要和人告別也絕非易事。因此在本章中，我們將介紹如何在兩種常見的情況下道別：向團隊成員以及向團隊說再見。（我們假設兩種結局都很好，以便讓本書有個漂亮的結尾。如果你在解僱遠端員工方面需要幫助，本書後面的「其他問題」會為你說明。但願你永遠不用去看那部分！）

🕐 向團隊成員說再見

當成員宣布他們要離開時，總是苦樂參半[96]。他們找到一個令人興奮的新機會，你替他們感到高興，但遺憾的是，這個機會不是和你及你的團隊在一起，這也很尷尬。在進辦公室的團隊中，你通常可以察覺一些小跡象。他們對工作要求的反應速度會比較慢；

他們穿得比平時好，在一天中耐人尋味的時間出去吃午飯，而且比以前多印很多東西。在他們提前兩週通知要離職之後，當你們一起完成最後一些瑣碎的工作時，你不時看到他們，仍然會覺得很尷尬。

但在遠距團隊中，你的線索要少得多，而且你也沒有那些最後的時刻，但這並不意味著你不應該製造這些最後的時刻。很多時候，當員工宣布離職時，遠端領導就會把事情弄得很公事公辦。當我準備辭去我的遠端工作去讀研究所時，我用電子郵件寄出離職通知（這樣做是我不好……但是接下來你會知道，這還不是最糟糕的舉動），大約一個小時後，我接到了主管的電話。在談話中，他很快就開始唸一份清單，感覺像是離職面談和離婚訴訟的奇怪組合。當我知道他在照著唸東西時，我就插嘴說話，請他用電子郵件把清單寄給我。

「哦，我們在37分鐘前就關閉了你的電子郵件，」他回答說。

我覺得我已經在面對虛擬警衛和準備拿紙箱打包走人了。只是這一次，我沒有羞愧地穿過辦公室，大概是害怕我可能會對他們，或我現在的前客戶說些壞話，所以我被阻止與我現在的前團隊中的任何人交談。

　　聰明的遠端主管知道他們需要讚揚離職，而不是把每次離職都視為背叛和公司安全遭受危險[97]。這麼做有幾個很好的理由：第一，在社群媒體時代，離職並不意味著與團隊其他成員失去聯繫。如果他們一起工作了相當長的時間，那麼團隊中的許多成員很可能會透過你無法控制的數位管道來聯繫（我以前都沒有這麼好的事，要等到我工作幾年後，臉書成立了，我才能這樣做）；第二，人們會注意你對待離職員工的方式。他們會開始想像，你將來用同樣的方式對待他們。為了確保這兩個理由不會產生反效果，以下是當隊友宣布要離職時，如何以優雅和慶祝的方式回應，而且老實說，這樣才是正確的做法：

首先，**表現出感謝和興奮**。你自然的人之常情反應可能會覺得有點被背叛，但試著把注意力集中在你有多感激他們的努力，以及你對他們的未來有多興奮。採用像大學教授或院長對即將畢業的學生講話那樣，會是一種有用的心態。你的所有成員有一天都將成為你公司和團隊的畢業生，你難道不希望他們愉快地回顧自己在你這裡度過的時光，並為自己完成的工作感到自豪嗎？如果你感覺到他們尋找新工作的原因，是對這個團隊感到失望，那你就更是要表現出愉快，現在不是試圖「拉攏」誰的時候。相反地，現在是專注於精彩部分的時光，希望大家好聚好散。

接下來，**詢問他們希望如何處理公告的事情**。除非公司的法律部門強迫你，否則不要封鎖他們的電子郵件，然後在幾天後的下一次定期會議上，才告訴你的團隊發生了什麼事。相反地，計劃舉行某種形式的畢業歡送會。你想在每個人的腦海中創造一個象徵

終點的事件，並且你想確保即將畢業的員工對這個終點有美好的回憶。但同時，在這些情況下，每位要離職的人的自在程度不同，不要假設他們都想要一場全團隊的視訊聊天，每位成員還帶著自己的蛋糕來歡送*。有些要離職的人可能更喜歡花些巧思，向團隊發送簡單的電子郵件。盡可能地尊重他們的喜好（即使你必須通融一些規定）。除此之外，確保你找到方法，讓團隊的其他成員也能表達感謝和興奮。

然後，準備你自己的感想。即使你已經知道同仁要離職的事很久了，一旦宣布後，你的團隊仍然會注意你的反應，並把你當作風向球，所以提前準備好自己的想法。這是再次表達感謝和興奮的時候，也可以在這個時候闡述你的觀點，讓離職更像是值得慶祝的事情，就像畢業一樣（即使你是看到前兩段後，才開始採用這種觀點），而不會像是遭人背叛。你不會想

---

* 在國外，員工離職時，大家會自發買一個蛋糕，為離職的員工開個歡送會。

做的一件事，就是什麼都不說，或者看起來必須硬擠出合適的字眼，因為這樣很可能最終會被人解釋成勉強在說好聽話。

最後，**計劃好離職的細節**。你的公司可能已經有相關政策和交接表來處理交接流程，例如註銷帳號和密碼，以及收回任何屬於公司的財產。但是要確認你知道這個計畫的內容，並與對方溝通離職的步驟，最好是在你向全團隊宣布之前，但如果來不及，那麼就宣布之後再安排。你不想落得像我認識的另一位遠端主管，他心懷不滿的員工開著公司的車，開了八小時到芝加哥的機場，把車停在機場停車場，然後登上單程航班回家。這都是因為他的主管在離職面談時，只要求他交回「筆記型電腦和鑰匙」，並沒有提到汽車，所以他決定在離開公司的路上，以此舉表達不滿之情。

如果你正在為更大的組織工作，那麼你必須遵循的不僅是這些步驟而已，法律向來是更一絲不苟的。但這些都是你的團隊會關注的步驟，會影響到他們對

你身為現任主管的印象，以及如果他們有一天也決定離職的話，對你們之間關係的想像。出於許多相同的原因，在發表自己的「畢業宣告」時，你還必須計劃一些事情。

🔊 向團隊說再見

正如你的團隊成員必然會繼續前進一樣，你可能會在某個時候不再擔任他們的領導者。這可能是因為你選擇在其他地方工作；也可能是因為你被升遷（或重新分配）去領導不同的團隊；甚至可能是因為你的團隊已經全部被打散並重新分配處理不同的專案。在上述的情況下，當法務部門為「即將畢業」的領導者編寫離職程序手冊時，可能都忽略了一些合乎人情的因素。以下是一些找回人情味的方法：

準備好你的辭職信。 如果你自願跳槽到另一家公司，那麼你必須第一個報告消息的人是你的主管。

你仍然應該透過電話或視訊通話與你的主管對話，但在對話結尾，對方可能會要求你用書面形式記錄某些內容，所以提前準備辭職信，內容應該清楚而禮貌地說明你要辭職。此外，務必寫上你的預計離職日期，標準是宣布後的兩週，但時間因產業而異，所以這個預計的最後一天上班日可能會有變化。你的主管可能會要求增加工作時間來幫助交接。或者，你可能會被告知，今天就是你最後一天的上班日。不管發生什麼事，都不要生氣。選擇預計離職日與其說是理想日期，不如說是傳達你的決定已經拍板定案。

直接進入對話。寫完信後，就主動聯繫，進行對話。如果有需要，你可以安排通話。但你不會想拖拖拉拉地把事情安排在幾天後，最好直截了當，這樣人們就會覺得你直率和誠實地面對離職一事。既然你已經草擬離職信，你在宣布消息時，就有一個範本可以遵循。儘管這是一次較不正式的對話，如果你不想談的話就不需要解釋你要離開的原因。但是，如果你選

擇這樣做，請記住，這不是要翻舊帳的時候，而是對你們共事的機會和經歷表示感謝。

弄清楚細節。現在換成你是要離職的那一方，這意味著你需要對網路存取權、公司財產、離職面談安排，以及無數其他可能的任務進行交接對話。在談話期間，手邊準備好紙筆，以確保你記下所有內容。你正要去新的地方，不會想一直收到來自老東家的電子郵件，要求你把筆記型電腦寄回去。

向團隊公布消息。理想的情況是，在你通知主管的同一天，就是向團隊公布消息的時候了，拖延談話是沒有意義的。如果你在週一提出辭職，然後等到週三的全體員工會議才向大家公布，即使在遠距團隊中，謠言也會流傳開來。如果你有時間，然後也想這麼做，你可以考慮聯繫團隊中幾個跟你比較熟的成員，私下先通知他們。但無論你選擇什麼方式，你都會想掌控好那些關於你離職的談論，那就需要積極主動。當你宣布離職消息時，一定要留出時間來感謝團隊為你所做的一切，並

對你們一起達成的事情表示認同。

讓你的主管或新任領導者參加會議。這是你領導職位的結束，但這很可能不是團隊的結束。如果你知道誰將進入領導崗位，請邀請那個人加入你的通話會議。就像奧汀所做的那樣，你要用這個機會提升新任領導者的地位，而不是發表你這個舊領導者的最後言論。如果你不知道新任領導者是誰，那麼就邀請直屬主管加入這次的會議。在許多情況下，公司的政策可能是由你的主管來召開這個會議。在這段期間，公司的主管會確認團隊的情況，直到找到新的領導者為止。因此，請幫助你的團隊更加瞭解和信任公司的主管。

說明你想和大家保持聯繫的方式。在數位時代，這種正式的道別可能不會是你最後一次與團隊中的大部分成員交談。現在社群網路五花八門，你可能有數個電子郵件地址，各有不同的用途，但是你不希望幾個月後，有人把郵件寄到你只用來收垃圾郵件的收件匣，或者向你的臉書帳號寄送交友邀請，而這個帳號

只供家庭成員分享他們孩子的照片。因此，這次會議是你提及你希望保持聯繫方式的時機，告訴他們你想使用的電子郵件地址或特定的社群網路。（當你執行到此步驟時，如果你的主管在和你的一對一會議中沒有提到，請記得確認內部郵件應該轉發給哪個人，並將此事列入你的交接任務清單中。）

留出時間寒暄閒聊。這個會議是你道別的最佳機會，所以請留出時間讓團隊跟你說再見。留一點時間寒暄閒聊是個好方法，讓團隊擺脫正式公告時的尷尬。你可能會與你的前團隊成員進行一些後續談話，但這可能取決於他們對這次會議的感受。如果新任領導者或你的主管在線上，考慮安排時間讓他們在沒有你的情況下與團隊聊天。對方可能需要解釋接下來的步驟，但即使沒有需要解釋的事，這個會議也是讓團隊一起消化資訊的機會，也許還可以向新的團隊領導者打招呼。

說再見很不好受，這是沒辦法的事，會讓人感傷，有時會很尷尬。在這一切都結束後，請對自己寬容一點。你可能會忘記提到一些事情（而且你仍然需要把筆記型電腦郵寄回去），但這沒關係，我們大多數人都不擅長說再見。但請記住，在這個人與人關係互相聯繫的世界中，道別很少是從此不會相見的，而是更像「稍後在 LinkedIn 上，或在那個會議上再見」，所以用優雅和尊重的方式處理最後的正式談話，就變得更加重要。成功的離職意味著處理好需要特別注意的事情，但也要確保以後遇到對方會是愉快的事。

◔ 給遠端領導者的原則

無論是對團隊成員，還是對整個團隊說再見，都有很多需要考慮的地方。對於道別的方式，我們給遠距團隊領導者的原則，簡要說明如下：

向團隊成員說再見時：

- 表現出感謝和興奮。
- 詢問他們希望如何處理公告的事情。
- 準備你自己的感想。
- 計劃好離職的細節。

向團隊說再見時：

- 準備好你的辭職信。
- 直接進入對話。
- 弄清楚細節。
- 向團隊公布消息。
- 讓你的主管或新任領導者參加會議。
- 說明你想和大家保持聯繫的方式。
- 留出時間寒暄閒聊。

如果你正在尋找工具來幫助運用這些道別的規則，你可以到davidburkus.com/resources網站上獲得多種資源，例如模板、工作表、影片等。

| 結　論 |

接下來該怎麼辦？
不會回到辦公室的

亞倫・伯佐（Aaron Bolzle）是「土爾沙市遠端
工作計畫」（Tulsa Remote）的創始執行董事，該
計畫由喬治凱瑟家庭基金會（George Kaiser Family
Foundation）資助，旨在激勵遠端工作者在奧克拉荷
馬州土爾沙市找到新的落地生根的地方。多年來，他
一直是勞資雙方關係變化的領導者和主要觀察者。「長
久以來，工作在哪裡，人才就到哪裡，」他解釋了這
種轉變[98]，「而現在，工作會跟著人才走。」

從各方面來看，這種轉變的表現比預期要好。

「土爾沙市遠端工作計畫」最初是為了測試一項

新的發展策略，該策略將使這座曾經盛產石油的城市的經濟更多樣化，並加強它的文化。這個想法很簡單：與其以減稅的形式「付錢」給大公司搬來這座城市，為什麼不直接給人們現金？

如果你是一名遠端工作者，並且同意搬到土爾沙市至少一年，基金會將在你在該市生活和工作的第一年給你1萬美元。雖然這不是第一個遠端工作者搬遷計畫，但「土爾沙市遠端工作計畫」已迅速成為專門針對遠端工作者的最大社區發展專案之一，而且幾乎是唯一一個由私人基金會，而不是納稅人資金資助的計畫。

最初的要求非常少：申請人必須年滿18歲，並且有資格在該州為不設在土爾沙市的公司工作。但是，當該組織宣布該計畫後的頭十週內，收到了超過1萬份的申請書，而第一期只有100個名額，所以必須迅速調整申請流程。

「我們想要對收到邀請的人好好地審慎考慮，」

伯佐解釋說。伯佐本人也是「回流的」土爾沙人，他曾在紐約和舊金山工作，然後回到家鄉，目睹了家鄉在他離開後的發展。伯佐和甄選小組沒有提供現金給尋求較低生活成本的科技業工作者，而是專注於尋找各行各業的優秀人才，那些從事各類型工作但都尋求同一件事的人。「這是要辨識出正在尋找不同生活品質並對將加入的社區產生正面影響的人。」伯佐和團隊進行了深入的面談，確定誰最願意做出這種影響並真正加入社區。

在最初的一批人中，大多數人都待超過一年的標準，其中大約1/3的人在當地購買了房屋。即使在新鮮感退去之後，該計畫仍透過更大的遠端工作者社群口耳相傳。「土爾沙市遠端工作計畫」向第二期（來自同樣龐大的申請者資料庫）申請者發出了250份邀請，並且現在還計劃大幅擴大未來申請者的規模。雖然該計畫的目的是為這座經常被忽視的城市帶來更多關注和經濟發展，但伯佐和他的團隊盡可能近距離地觀察

（並且在某些方面甚至幫助帶領）從實體辦公室到遠端工作的轉變。他親眼目睹數百家不同行業的公司，是如何建立他們的遠距團隊，他還聽取了數百名個別遠端員工分享這個變動的優點和缺點。

　　而且他認為這種變動不會很快就放緩速度。

　　「人們在大城市被擠壓到一種地步，讓他們不想再待在那裡了，」他解釋說，「長久以來，我們的生活都是圍繞著我們的工作，但未來的工作是以你的生活為中心，來建構你的工作，而且當你這樣做時，你可以選擇並搬到你想要的任何環境。」這不光是他的觀點，他在數據中也看到了這一點。如果你仔細想想，1萬美元並不是很多錢，它基本上包含了跨越美國本土的搬家費用，所以加入該計畫的人並不是為了把他們的可支配收入提升到最高（即使你考慮到生活成本）。相反地，他們之所以這樣做，是因為他們親身在大型城市中心的大型辦公大樓中工作過，並發現整個經驗不盡如人意。他們必須長期以工作為中心過生活，他

們痛恨這樣。

他們想要別的東西，而「土爾沙市遠端工作計畫」提供他們嘗試其他東西的機會。

伯佐和其他人都沒有料到，在付錢給人們實驗到新城市遠端工作不到兩年，世界上很多地方都被迫進行了類似的遠端工作實驗，長期抵制遠端工作運動的公司也被迫放棄。那些認為遠端工作過於麻煩，或者過於擔心生產力會下降的領導者，在全球疫情大流行的情況下，幾乎都被迫嘗試一下。隨著實驗結果開始出現，它們看起來與「土爾沙市遠端工作計畫」一樣有希望。

在嘗試過遠距團隊的生活後，很多人都不想回去了，而公司領導者也很難找到讓他們回來的理由。少數幾家公司無論如何都要把大家都叫回來工作，他們驚訝地發現，很少有人願意回來，至少員工不想完全恢復進辦公室的模式。許多人已經有機會重整他們的生活，並且能夠從更健康的角度看待工作在他們生活

遠距團隊的高效領導法則

中的地位，結果發現工作很少會是生活的中心，而且他們更喜歡這種安排。

可以肯定地說，辦公室的未來可能不是作為一個完成工作的地方。（老實說：長期以來，辦公室並不是處理需要專注才能完成的工作的好地方。）在大多數情況下，仍然會有辦公室，但整體空間會變得小得多，其中用於協作和會議的空間會更多，而單獨的隔間辦公空間則更少。

正如我們在本書通篇所看到的，遠端工作提供的額外彈性並沒有以犧牲生產力為代價。甚至在被迫嘗試遠端工作之前，已經有研究支持為員工提供在任何地方工作的彈性。正如2020年蓋洛普研究顯示，投入度最高的員工每週只有一到兩天會在辦公室，不進辦公室會使投入程度更高（只要不是完全不進辦公室）。而在許多案例中，不進辦公室會使公司文化更加強大。領導有方的遠距團隊甚至可以比實際在一起的團隊有更好的工作表現。

遠端工作正在發揮作用，它不會解決領導者和團隊面臨的所有問題，因為總是會有更多的問題，但我們會一起解決的，而且我們將與來自世界各地最聰明的人一起解決這些問題。

　　因為我們可以在任何地方解決問題。

附錄一
遠端領導者適用的技術

　　遠端工作一直依賴技術，從讓羅馬帝國保持聯繫的道路和信使，到讓你感覺你的同事就在隔壁房間一樣的即時通訊和視訊會議應用程式。這些工具從未像現在這樣容易取得或價格親民，但並非所有工具的效用都是一樣的。在本節中，我們將探討哪種技術最有用，以及如何有效地使用。無論你是剛剛擔任遠距團隊的領導者，還是希望把協同作業標準化，以下都是你領導團隊所需的工具。

專案管理

這將是你進行團隊協作的大本營（不是你的電子郵件收件匣）。合適的專案管理應用程式應該能夠分配和追蹤任務、設定時程和時間表、分享文件、討論問題和做出決策。理想情況下，這個工具應該可以在桌機和行動裝置上使用，因為團隊中不同的人會有不同的偏好。

推薦：Asana、Basecamp、Monday.com 或 Trello。

檔案共同作業

雖然大多數專案管理工具都有共享檔案的功能，但許多工具不允許人們實際在這些檔案上共同作業，尤其是即時修改。因此，你可能需要一個工具，把公司和團隊的檔案都放在一個地方，讓每個人都可以讀取最新的版本。該工具還應該保留這些檔案的修訂歷史紀錄，因為不小心按下「全選」和「刪除」的情況比大多數人願意承認的要多。

推薦：Dropbox、Box或Google Drive。

時間管理

時間管理是關鍵，對於分散的團隊來說，這更為重要。你需要某種共用的行事曆，不僅可以安排會議，還可以保護你的時間，讓隊友知道你沒有空。許多傳統的行事曆都有共用選項，但其中一些行事曆還允許人們在彼此的行事曆上安排活動。這實際上是一個很大的缺點，誰願意把自己的時間交給別人？因此，最好的共用行事曆會把「邀請」作為預設選項，甚至邀請你從小組成員預定的開放時間中，尋找方便的時間。

推薦：用Google行事曆搭配Calendly，可以詢問別人有空的時間。

另外推薦：任何你能輕鬆使用的時區網站。

非同步溝通

理想情況下，這將包含在你的專案管理工具中。但是，如果你的組織依賴電子郵件，你要確保你選擇的專案管理工具也可以與電子郵件互動。或者，這也是我偏好的方式，訓練你的員工放棄內部電子郵件，使用專案管理工具進行所有的非同步溝通。

推 薦：Asana、Basecamp、Monday或Trello。 如果絕對需要用到電子郵件，那麼Basecamp可能是你最好的選擇。

同步溝通

記住：「非同步溝通是規則；同步溝通是例外。」因此，如果你選擇群組聊天工具，請確保「隨時聯絡得上」不會成為團隊沒有明講的期望。如果你需要一對一溝通，或與整個團隊同步溝通，請選擇語音或視訊通話的平臺。在你做出任何最終選擇之前，請務必先看過第五章。

推薦：電話⋯⋯我是認真的。

如果你要採用「茶水間」方式，建議：Slack或
Microsoft Teams。

虛擬會議

一旦你的會議超過一、兩個人，你可能應該從語
音轉為視訊會議，因為增加的視覺線索有助於促進對
話，並把干擾降至最低。理想情況下，選擇同一個工
具來進行小組視訊會議和大型全體會議。這個工具還
應該包括主持分組「討論室」的功能，這樣你就可以
在團隊會議或腦力激盪會議期間，進行人數更少的討
論，而不必要求人們在不同的會議之間來回切換。

推薦：Zoom。

創意發想或解決問題

許多視訊會議應用程式都有一些基本的工具，
可用來記錄想法，或把討論的內容視覺化。你也可以

隨時打開Google文件，和同事一起編輯，還有其他很好的線上文書處理工具。具體來說，許多這種工具是為多名遠端使用者設計的，可以記錄他們的想法、繪製心智圖，或建立工作流程／過程視覺化。理想情況下，這是一種每個人都可以使用的工具，但不會占用太多的頻寬，因此可以與語音或視訊會議一起使用。

推薦：圖表編輯軟體Lucidchart，或視覺化協作平臺Bluescape。

慶祝勝利

在辦公室裡，要聚集一群人並表揚某人的傑出成就，向來是很容易的。在遠端工作的環境中，這似乎有點困難。但有些軟體平臺可以讓你慶祝個人成就，並使團隊中的每個人都能更輕鬆地知道彼此的出色表現。一旦個別團隊成員達到一定的認可門檻，其中一些平臺甚至可以連接到線上商店，或寄送電子禮品

卡。如果你的公司沒有這些工具的企業版使用權，也許值得為你的團隊註冊使用。

推薦：Workhuman或Kudos。

追蹤生產力

根據你所使用的專案管理工具，你可能需要找到一個單獨的工具來追蹤生產力。理想情況下，這個軟體也會收集員工對他們所從事工作的感受，這樣做是為了掌握團隊的「脈動」。這不應該是用來數位監控，或當作事事都要管員工的工具。它應該能夠促使他們思考當天或這禮拜的任務，提出他們的成就，並顯示他們需要幫助的地方。

推薦：15Five或iDoneThis。

阻止干擾

我們已經討論了保護員工時間不受干擾的需要，但並非所有干擾都是過度熱心溝通的結果，有時候很

難不迷失在網路的點擊黑洞中。幸運的是，有一些軟體應用程式和網路瀏覽器外掛程式，可以讓你建立一道自我約束的防火牆，杜絕最容易讓你分心的事物。你可以在你決定的期間內，封鎖特定網站、遊戲，甚至整個網路連線，這樣你就可以專注於重要的工作。即使這對你來說不是問題，嘗試其中的一些技術也是個好主意，這樣你就可以向你的團隊提出建議。當干擾是由家人或室友造成，需要提醒他們尊重工作和家庭之間的界線時，發給你的員工一個「請勿打擾」的掛牌，這將大大有助於透過視覺提示來設立界線。

推薦： Freedom 或 SelfControl。

簽署文件

發送無法編輯的 PDF 檔案，並要求其他人在上面簽名、掃描，再用電子郵件寄回來（或者更糟的是，要用**傳真**回覆），這是一種可以避免的麻煩。幸虧有各

種服務軟體，可以讓你以電子方式管理簽名檔案，同時又能安全地管理文件。如果你的組織沒有企業等級的帳戶，有些軟體甚至有免費增值的費用選擇。

　　推薦：DocuSign 或 HelloSign。

▌附錄二▐
遠端領導者提出的其他問題

在為本書做研究時，我會見了各種規模的遠端和分散式公司的各級領導者。由於這本書是在COVID-19期間寫的，此時人們被迫進行在家辦公的實驗，以作為對疫情的應變方式，因此我還與許多遠端領導的新手交談。我無法將他們的所有問題都納入本書的核心討論中，所以我現在想花點時間來回答我收到的一些最常見（到目前為止我們還沒有討論到）的問題：

在沒有面對面的情況下,我如何與團隊慶祝勝利?

當然,你不可能把每個人都叫到休息室,吃從商店買來的蛋糕。但以前這麼做就真的那麼有效嗎?當你需要與遠距團隊慶祝勝利時,你應該著重於三種類型的慶祝:成就、里程碑和同事的肯定。

成就的慶祝是最明顯的。當你的團隊完成一個大目標,甚至在一個小目標上取得明顯的進展時,就應該慶祝了。根據勝利的大小,慶祝方式可能小到像是寄一封電子郵件,也可能大到在下一次全體會議上,專門抽出時間來慶祝這次的勝利。最大的慶祝活動可能應該留給實體的靜修營或實地活動。如果你打算遠端慶祝,給大家一個驚喜可能效果更好。要求每個人都參加視訊通話,只是為了吃自己那塊從商店買來的蛋糕,就有點尷尬了。最好的遠距團隊慶祝方式,是利用很多驚喜,包括把實體獎勵、食物、獎品或其他物品放在一個標有「要等到_____時,才可以打開」

的盒子裡。然後，在下一次視訊通話的驚喜慶祝活動中，領導者再要求大家一起打開盒子。

里程碑的慶祝通常是慶祝個人的成就（雖然公司或團隊的里程碑，例如成立年數或團隊合作年數也算）。有效的領導者知道（或用系統來記住）這些個人的里程碑是什麼，但他們也知道團隊成員對慶祝活動的個人喜好，並非每個人都希望在下一次視訊通話中獲得虛擬的掌聲。有些人可能更喜歡簡單的電子郵件公告（和回覆大家的祝賀），還有一些人可能根本不喜歡慶祝，只喜歡你的手寫紙條。

同事之間的慶祝有點難進行，但可以說是在虛擬團隊中慶祝勝利最重要的方式。在進辦公室的團隊中，簡單的擊掌或簡短的鼓勵會自然而然地發生（或者至少在對的公司文化中會發生）。但是在虛擬團隊中，團隊成員通常需要一套系統來達到相同的目的。幸運的是，不乏一些軟體應用程式和外掛程式，是你可以在全公司或只在你的團隊中使用的（見附錄一）。

無論你選擇什麼應用程式，最重要的選擇是身為領導者，你要選擇大量運用它，這樣其他人就會注意到，並隨之仿效。

這三種類型的勝利和慶祝方式，是讓你的團隊獲得應得且需要的認可的重要一環。但值得一提的是，光有認可是不夠的，人們也需要得到讚賞，而且這兩者是有區別的。認可是你根據結果或表現給予的正面回饋。我們需要時間來慶祝勝利，但如果沒有讚賞，慶祝勝利的意義就會減弱。讚賞就是承認這些結果和當事人的價值或意義。我們需要花額外的時間，來向被認可的人表達感謝，因為大家受到了他們的影響。認可是慶祝我們所做的事；讚賞是慶祝我們本人，兩者都是值得慶祝的。

資訊安全的問題呢？

讓我們坦率地來看大多數公司的資訊安全。如果組織夠大，擁有資訊部門，那麼你可以確定，組織非

常重視安全。但是，他們通常不會那麼認真地**落實資安**。資訊部門會確保員工只在自家公司受到保護的伺服器上操作軟體，但是，他們把筆記型電腦發給高階主管使用，除了一組數字及英文字母組成的密碼外，幾乎沒有其他保護措施。這就像投資了最先進的家庭安全系統，但前門卻沒有上鎖。

你絕對應該認真對待安全問題，但遠距團隊帶來的風險可能比你想像要來的小。大多數主要網站，包括團隊協作工具，都在安全伺服器（在網址「https」中以「s」表示）上運作。這就是為什麼你可以完全放心地告訴亞馬遜你所有的信用卡詳細資訊，以及如何把東西送達你家。但是，如果你想確保你的團隊完全安全，以下是要快速檢查的項目：

- **要求每名團隊成員的電腦都要有密碼保護。**如果只有一名使用者，許多個人電腦允許使用者自動登錄。這真的很方便，直到筆記型電腦在

紐約市的拉瓜迪亞機場（LaGuardia）B航廈被人插上電源使用，但你的員工卻在奧馬哈市（Omaha）上空的三萬英尺處。

• **確保每名團隊成員的電腦都使用加密硬碟。**目前在微軟的Windows電腦上，這個功能稱為BitLocker，而在Apple的作業系統上，則稱為FileVault。原本遺失筆記型電腦會讓全公司恐慌地需要更改密碼和追蹤洩漏的情況，但有了這兩項功能，出現這種事只會帶來不便和一小筆的花費。（在大多數情況下，如果你需要這個功能，作業系統也會禁止自動登錄。）

• **讓你的團隊為你使用的每個網站和應用程式建立自動產生的長串密碼。**許多作業系統現在會為你追蹤這一點，建立一個新的隨機字母串，比你以前好記的「Password1234」更安全的登錄密碼。如果沒有，有幾個第三方應用程式可以為你產生和管理這些密碼。既然我們談到了密

碼，讓你的團隊成員為密碼管理工具和他們的工作電子信箱啟用雙重驗證。在這個系統下，當你嘗試登錄時，會向其他裝置發送一個代碼，以確保是你本人登錄。如果電子郵件或密碼管理安全失效，其他所有內容都會暴露。

• **讓智慧手機和平板電腦能夠從遠端消除資料。**現在，需要密碼、指紋或快速自拍來解鎖手機已經是很普遍的功能。但令人驚訝的是，很多人並沒有在他們的智慧手機上啟用「尋找我的裝置」的應用程式，這個功能不僅讓你知道你的手機還在飯店大廳的酒吧，還允許你不管在哪裡都可以刪除手機上的所有內容。

保護遠距團隊的資料並不難，但確實需要在前端做一些工作。但是，在最壞的情況下，採取這些步驟會為你節省大量時間。

我怎樣才能支持遠距團隊的心理健康？

正如我們所討論的，遠端工作並不是只有好處而不用付出代價。其中一個很大的代價是，對許多人來說，獨自工作會對他們的情緒健康產生極大的影響。注意個人的情緒健康，以及整個團隊的情緒脈動，可以幫助你在問題變嚴重之前，察覺倦怠、工作表現落後，或更糟糕的情形，這也是把團隊文化打造成會支援成員、在心理層面上是安全的關鍵。但是，這在遠端情況下是很難做到的。遠端工作會讓人無法察覺這些跡象，這時我們才意識到，在另一個隔間裡有一個朋友可以取暖對我們有多重要。如果你可以從遠端促進這些對話，請這麼做。但要知道，就算這樣做也不一定能解決一切問題。

首先，而且最重要的，留意蛛絲馬跡。你要注意成員的固定模式是否出現偏差，他們寄的電子郵件是否比以前少？他們在團隊視訊通話時是否明顯地減少發言？他們是否遲交通常不難達成的期限？每個人

的跡象都不同。事實上，對某些人來說，比平時更快地在期限前完成工作，可能是一個跡象，顯示他們對工作**太過投入**，並且走向過勞之路（或者，更糟糕的是，他們用工作來逃避生活中的其他問題）。隨著你的團隊在一起工作時培養出共同的期望和默契，突然偏離這種默契可能是出現問題的第一個跡象。

當你看到這些跡象時，請不要猶豫，立即採取行動，盡快伸出援手。你不必用「一切都還好嗎？」來開場。你可以從讚美、對小勝利的認可，或其他正面的訊息開始，並利用這一點進行更深入的對話。你可能無法讓他們敞開心扉，但你可以讓他們知道，如果他們想找人傾訴，你就在他們身邊。有時候這就是你所能做的；其他時候，視你們的關係而定，你可以更坦率地告訴他們你所看到的情況，以及你願意提供的幫助。幾年前，我有一個朋友在社群媒體上公開表示，他一直在對抗憂鬱症。幾個小時後，他的一位同事就聯絡他，並說：「嘿，我明天要去你的城市參加

幾個會議，但是我早餐、午餐和晚餐時間都有空，我們可以見面聊一聊。」直到他們見面吃午餐時，他才向我的朋友透露，他在看到這篇貼文後才訂了班機，這樣他就可以聲稱他會「在城裡」，但他們的午餐是他飛來這個城市的唯一真正原因。

在工作環境中，你的員工向你敞開和坦白自己情感生活或心理健康的程度總是有限的，但是如果他們選擇這樣做，你可以為他們提供的幫助是沒有限制的。

我應該如何處理團隊中的衝突？

任何團隊都無法避免衝突，只要團隊是由人組成的就會這樣。同樣不可避免的是，許多人傾向於在發生衝突時避免介入，只是被動地讓緊張關係加劇。在遠距團隊中，這種傾向會變得更加明顯。如果你們一年實際只見兩次面，而且每週幾乎只同步交流一次，那麼很容易發生幾次的冒犯或爭執。但是你在不知不覺中讓傷口惡化，人們愈是壓抑他們的挫折，當情緒

（也是不可避免地）爆發時，爆炸的程度就愈大。

所以不要猶豫。不管你知道這是否是工作說明書上的一部分，你有時會被要求擔任團隊成員的關係顧問，而在衝突期間是需要你的最常見時機。當你看到兩個隊友之間發生衝突時，盡快讓他們聚起來一起討論。如果在團隊會議期間出現衝突，請不要嘗試介入（如果有必要，請一名或兩名成員離開會議是可以的）。但請確保盡快讓兩名成員重新聚在一起，單獨討論他們的問題。

在那場通話會議中，你要引導兩個人完成一個三階段的過程。首先，給他們時間來描述他們觀察到對他們產生負面影響的行為。這個階段不是要來假設這些行為背後的動機，只需描述行為本身。

接下來，讓他們描述這種行為給他們帶來的感受。再次強調，這並不是要假設或歸因另一個人的動機，而是讓另一個人聽到對方是如何感受他們的行為。你甚至可以在這個階段給他們一個範本：「當

你＿＿＿＿的時候，我覺得＿＿＿＿。」根據情況，這個階段也可以是你給兩個人空間，來告訴對方他們自己行為背後的動機。

　　有時候，只有這兩個階段就足夠了。讓每個人聽到對方的真實感受，並解決意圖和感覺之間的落差，往往就足以解決衝突。如果這兩個階段還不夠，那麼第三個，也是最後一個階段應該專注於協力制定解決方案，以便下次出現類似情況時知道該如何面對。

　　討論結束後，花一點時間來記錄對話內容。不需要過於正式（特別是如果衝突沒有需要到這樣），一封簡單的電子郵件，上面寫著「感謝你們兩位今天抽出時間談一談」就夠了。你只想有一個討論的紀錄，以及記下達成共識的新行為。希望你永遠不需要再查看這封電子郵件，但是，知道有這一份紀錄總是好的。

當大家住在世界各地時，我們應該如何 處理薪水的問題？

　　當你看一下研究報告，以及長期遠端工作的公司的最佳做法時，薪水在很大程度上應該是平等一致的，不考慮員工所在地的生活成本。根據當地租金（或應徵者精明的談判技巧）調整薪水是一種趨勢，在更多遠端和分散式團隊出現的時代，這種趨勢可能很快就會過時。公司將迅速轉向根據工作的價值來支付薪水，而不是根據公司總部或員工所在地的現行薪資水準，而這是一件好事。（不要誤會我的意思：在我職業生涯的前五年，我是這種趨勢的幸運受益者，我替一家公司遠端工作，不論我住在哪個地區，他們都付我紐約市郊的薪水。這對我來說很棒……但對在大城市的員工來說，就不那麼棒了。）

　　但是調整薪水帶來的問題多過於解決的問題。當人才庫的範圍涵蓋全球的時候，調整薪水甚至可能傷害那些選擇住在大城市的人，公司為什麼要為一名技

術能力相同的員工支付更多的薪水，只是因為她住在溫哥華？如果你付給兩名技能相似、任務相似的員工兩種不同的薪水，你可以肯定他們之中有人遲早會發現。相反地，請根據組織結構圖中的級別，或考慮職位、經驗和技能的透明公式，統一薪酬。

例如，在Basecamp，所有薪水都是根據舊金山人力市場價格的第90個百分位來計算的，儘管很少有員工住在灣區附近。該公司希望以高薪聘請頂尖人才而聞名，但也希望讓人才選擇居住地點，從而決定他們的可支配所得，只不過薪水談判就不適用了。Basecamp的創辦人傑森・福萊德解釋說：「把你的工作做好已經夠難了，然後又要當一名頂尖的談判者似乎也不公平。」愈來愈多公司會效仿Basecamp的做法，發現標準化和透明化實際上可以減少員工之間的薪資衝突和不滿，同時也讓他們在工作上**擁有更多自主性**。

如果我必須解僱某人怎麼辦？

對很多人來說，離職通常是嚴格的法律過程，在第十章中，我們談到如何把人情味帶回這個過程中。當談到解僱某人，或必須遣散員工時，同樣的規則也適用。但是，現在你無法把人事部或法律部要求你說的話的影響降到最低，因此你必須更加努力地強調人情。

當面進行，或使用視訊。雖然我們在第五章中提出了純語音交流更適合解讀情緒，但在這種情況下，你會希望能夠解讀肢體語言。你會想知道網路線另一端的沉默是震驚、哭泣，還是更糟糕的事情，而且你會希望他們也能看到你臉上關切的表情。

讓第三方陪伴。使用視訊的另一個原因是，你希望他們看到你帶了第三方，而且你會想帶第三方。這將是一場充滿情緒的對話，如果人力資源部門的人，或至少另一位主管在場，可以幫助維持對話的重點，並回答你無法回答的任何問題，這樣可能非常有用。此外，讓其他人可以驗證對話是否保持專業，這一點

總是很有價值的。

把事情都攤開來說。你會希望提前把所有細節都想好，並在你面前都列出來。這包括確認今天是他們的最後一天、他們還可以使用公司網路到什麼時候、有多少遣散費，以及對他們有什麼要求。如果可能的話，在你告訴他們這個消息的時候，把這個清單寄給他們。許多人的自然反應是為自己辯護，有時甚至試圖說服你改變主意。完成行政作業，並發送出去，表明已經做出這項決定，確定僱傭關係結束了。

提供幫助（如果適用的話）。如果這是一次裁員，而不是解僱，你也可以在此時解釋你願意做些什麼來幫助他們，無論是在LinkedIn上推薦，還是願意當他們履歷上的推薦人。說出你願意做的事情，可以消除他們在失業三個月後回過頭來找你寫推薦信的尷尬。你可以大方地提供這種幫助，這也是提及公司能提供任何工作介紹的時候。

談完之後，要有時間協助他們。最後留出時間

回答問題，因為會有問題，還有細節需要說清楚，以及接下來要考慮的步驟。甚至對方可能會掉下幾滴眼淚，所以要做好準備，不要在結束時，緊接地安排另一場會議。事實上，不要在幾個小時內，安排另一場會議，以防萬一。如果一切順利，你的行事曆上就會多出一些空閒的時間。如果不順利，你會很高興你有這樣的空閒時間。

通知團隊。在關於道別的章節中，我們介紹了如何與離職人員共同撰寫公告。而在這種情況下，你最好單獨通知團隊。但是，不要在沒有計畫的情況下進行談話。不管你說什麼，其他人都會開始想像，如果換作**他們**離開公司，這些是你會說的話。因此，你要確保自己不至於詞窮，是可以說出尊重、讚賞和善意的話。

最後，**原諒自己**。你會覺得很尷尬，你會感覺很糟糕，這種事永遠不會讓人好過，而覺得難受可能是一件好事。如果要擅長某件事的唯一方法是練習，那

麼解僱別人是我們都應該希望永遠不會擅長的事情，所以請原諒自己做得不夠完美。

我應該與遠端員工成為臉書好友嗎？

這個問題最簡單的答案是：視情況而定，但這不是一個非常有用的答案。我們很快就會嘗試找到一個簡單而有用的答案，但還有很多東西需要解釋。

首先，要取決於公司文化，以及公司對在非工作管道上談論有關工作的容忍程度。因為在社群網路上聯繫的同事，彼此會談論到工作，而在嚴格規範的行業中，每次對話都需要被記錄下來，所以這會是一個問題。在規範較鬆的行業（和更透明的公司），這就不是一個問題了。你還需要弄清楚有哪些關於僱傭談話的法律會影響你和你的員工。在我早期的職業生涯，我記得收到一封來自主管的譴責電子郵件，因為我在社群媒體上和同事就工作問題進行了對話。我必須提醒這位主管，在美國，員工之間對有關工作的談

話受到國家勞動關係委員會（National Labor Relations Board）的保護，不該受到譴責。我可能不應該在網路上發表任何內容，但是在我發表後，因為我瞭解法律，這對我幫助很大。

再來，每個人對不同的社群網路都有不同的規則。幾乎每個行業中大家都把LinkedIn視為「專業」社群網路，因此常常會收到別人的連結要求，不過有些人同樣地把臉書對外開放，而另一些人則把臉書視為完全私密的。Twitter、IG、抖音，以及在本書出版後發明和普及的任何社群網路，對每個人的用途可能會更不明確。有鑑於此，最好的方法是制定自己的規則，什麼人在什麼網路上聯繫，並在有人問你時，明確說明這些規則。然後尊重其他人，如果他們的規則與你有所不同。（如果能幫上忙，我個人的規則是，臉書的個人資料是給家人和親近的朋友看的，其他所有網路都是公共管道，對隱私不抱有期望。）

最後，這是延續先前的考量，團隊領導者可能

不應該在任何網路上與團隊成員聯繫。沒有人會喜歡自己的老闆在網上跟蹤他們，雖然這可能不是你的本意，但對社群網路有不同「規則」的人來說，很容易誤認爲是這樣。同樣地，如果你在一個管道上接受了來自一位團隊成員的連結，那麼你可能需要接受來自該管道上團隊成員的任何請求。這個人加，另一個人卻不加，很容易被人認為有所偏袒。（你可以隨時接受，然後取消追蹤他們的更新動態。）

綜合上述情況，最好的簡單而有用的答案可能是：

- 為每個社群網路訂下規則。
- 統一地應用規則。
- 等待連結請求。

之後，請注意你發布和評論的內容。如果是與工作相關的，最好切換到工作管道。

致　謝 ▌

　　這本書是一個遠距團隊的產物。雖然我的名字出現在封面上，但我要承認，我只有在某些時候覺得自己在「領導」這個專案，我非常感謝眾多的遠端領導者。

　　我的編輯奧莉維亞・巴茨（Olivia Bartz）最先有了這本書的想法，而且幸運的是，她找我來撰寫。瑞克・沃夫（Rick Wolff）是我在霍頓・米夫林・哈考特出版社（Houghton Mifflin Harcourt）的長期編輯，他發現了奧莉維亞的想法和我過去工作當中的相似之處。我還有更多來自這家出版社的團隊成員要感謝，包括黛博拉・布洛迪（Deb Brody）、愛倫・亞契（Ellen Archer）、瑪莉莎・佩吉（Marissa Page）、麗莎・格洛福（Lisa Glover）和威廉・帕爾默（Will Palmer）。

我的經紀人吉爾斯‧安德森（Giles Anderson），我與他一起遠端工作將近十年。感謝你在2012年給我寄了一封一時興起的電子郵件。

有幾位了不起的人，他們以驚人的見解提供協助，而且繼續幫助我宣傳本書：米奇‧喬爾（Mitch Joel）、克雷‧賀伯特（Clay Hebert）、喬伊‧科爾曼（Joey Coleman）、芭莉特‧科爾曼（Berit Coleman）、傑森‧蓋納德（Jayson Gaignard）、多利‧克拉克（Dorie Clark）、提姆‧桑德斯（Tim Sanders）、塔克‧馬克斯（Tucker Max）和史都華‧克萊納（Stuart Crainer）。

這些優秀的遠端領導者，其中有一些人被迫接受遠端工作，他們有精彩的故事，並接受了我的採訪：翠維尼亞‧巴博、柯蒂斯‧克里斯多夫森、史蒂芬‧韋佛（Steven Weaver）、麥克‧德賈登、亞倫‧伯佐、克里斯‧泰勒、海莉‧葛莉菲斯（Hailley Griffiths）、史黛芬妮‧李、亞倫‧史崔特（Aaron Street）和蘿拉‧加斯納‧奧汀。

自從傑克‧尼爾斯創造了「電傳勞動」一詞以來，以下的研究人員和思想家一直在研究遠端工作、虛擬團隊和良好的工作場所：查爾斯‧韓第、彼得‧杜拉克、羅傑‧馬丁、蓋瑞‧哈默爾（Gary Hamel）、莉茲‧韋斯曼（Liz Wiseman）、羅伯特‧薩頓（Robert Sutton）、艾米妮亞‧伊貝拉（Herminia Ibarra）、丹尼爾‧品克、艾美‧埃德蒙森、亞當‧格蘭特、瑪婷‧哈斯、莉茲‧佛斯蓮（Liz Fosslien）、莫莉‧威斯特‧杜菲（Mollie West Duffy）、馬克‧莫天森、芭芭拉‧拉森（Barbara Larson）、塞達爾‧尼莉（Tsedal Neeley）、尼可拉斯‧布魯姆、傑森‧福萊德、大衛‧海尼梅爾‧漢森、馬特‧穆倫維格、布萊恩‧邁爾斯（Bryan Miles）和尼克‧摩根（Nick Morgan）。

感謝我的妻子珍娜和兩個兒子林肯和哈里森，他們尊重我辦公室門上的「請勿打擾」牌子……並且有一半的時間是他們自己把牌子掛在門把上，使我能夠完成這本書。

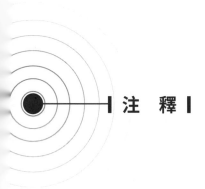

注　釋

前言

1. Hayden Brown (@hydnbrwn), Twitter, May 22, 2020, 9:33 a.m., https://twitter.com/hydnbrwn/status/1263840533144727552 .

2. Jack M. Nilles, The Telecommunications - Transportation Tradeoff: Options for Tomorrow (Newark, NJ: John Wiley & Sons, 1976).

3. Charles Handy, The Age of Unreason (Boston: Harvard Business School Press, 1989), 18；繁體中文版《非理性的時代》，聯經出版公司，1991。

4. Peter Drucker, ed., The Ecological Vision: Reflections on the American Condition (New Brunswick, NJ: Transaction, 2011), 340；《社會生態願景：對美國社會的省思》，博雅出版，2020。

5. Kara Swisher, " 'Physically Together': Here's the Internal Yahoo No-Work-from-Home Memo for Remote Workers and Maybe More," AllThingsD, February 22, 2013, http://allthingsd.com/20130222/physically-together-heres-the-internal-yahoo-no-work-from-home-memo-which-extends-beyond-remote-workers/ .

6. Cal Newport, "Why Remote Work Is So Hard— and How It Can Be Fixed," New Yorker, May 26, 2020, https://www.newyorker.com/culture/annals-of-inquiry/can-remote-work-be-fixe .

7. A survey conducted by IBM: "IBM Study: COVID-19 Is Significantly Altering U.S. Consumer Behavior and Plans Post-Crisis," IBM News Room, IBM, May 1, 2020, https://newsroom.ibm.com/2020-05-01-IBM-Study-COVID-19-Is-Significantly-Altering-U-S-Consumer-Behavior-and-Plans-Post-Crisis .

8. Kate Conger, "Facebook Starts Planning for Permanent Remote Workers," New York Times, May 21, 2020, https://www.nytimes.com/2020/05/21/technology/facebook-remote-work-coronavirus.html .

9. Chris O'Brien, "Facebook's West Campus Construction Costs Exceed $1 Billion," VentureBeat, May 16, 2018, https://venturebeat.com/2018/05/16/facebooks-west-campus-construction-costs-exceed-1-billion/ .

10. Pim de Morree, "The Remote Revolution: Are We Reaching the Tipping Point?" Corporate Rebels, June 18, 2020, https://corporate-rebels.com/the-remote-revolution/ .

11. All Nicholas Bloom quotes are from Nicholas Bloom, "To Raise Productivity, Let More Employees Work from Home," Harvard Business Review, January–February 2014, 28–29.

12. Adam Hickman and Jennifer Robison,"Is Working Remotely Effective? Gallup Research Says Yes," Workplace, Gallup, May 21, 2020, https://

www.gallup.com/workplace/283985/working-remotely-effective-gallup-research-says-yes.aspx .

第一章

13. 所有這些引述來自作者與柯蒂斯．克里斯多夫森（Curtis Christopherson）在2020年6月26日的個人談話。

14. Martine Haas and Mark Mortensen, "The Secrets of Great Teamwork," Harvard Business Review, June 2016, 70–76.

15. Lutfy N. Diab, "Achieving Intergroup Cooperation Through Conflict-Produced Superordinate Goals," Psychological Reports 43, no. 3 (December 1978): 735–41.

16. Samuel L. Gaertner et al., "Reducing Intergroup Conflict: From Superordinate Goals to Decategorization, Recategorization, and Mutual Differentiation," Group Dynamics: Theory, Research, and Practice 4, no. 1 (2000): 98–114.

17. Jim Harter, "Employee Engagement on the Rise in the U.S.," News, Gallup, August 25, 2018, https://news.gallup.com/poll/241649/employee-engagement-rise.aspx .

第二章

18. Joost Minnaar and Pim de Morree, Corporate Rebels: Make Work More Fun (Eindhoven, Netherlands: Corporate Rebels, 2020).

19. Frank Van Massenhove, "Shift or Shrink," Liberté Living-Lab, posted January

11, 2017, YouTube video, 18:44, https://youtu .be/LG4JZDzLmno .

20. Minnaar and de Morree, Corporate Rebels.

21. Charles Duhigg, Smarter Faster Better: The Secrets of Being Productive in Life and Business (New York: Random House, 2016), 44.；中文版《為什麼這樣工作會快、準、好》，大塊文化，2016。

22. Julia Rozovsky, "The Five Keys to a Successful Google Team," re: Work, November 17, 2015, https://rework.withgoogle.com/blog/five-keys-to-a-successful -google-team/ .

23. Amy Edmondson, "Psychological Safety and Learning Behavior in Work Teams," Administrative Science Quarterly 44, no. 2 (1999): 350–83.

24. Paul J. Zak, "The Neuroscience of Trust," Harvard Business Review, January–February 2017, 84–90.

25. Paul J. Zak, "Trust," Journal of Financial Transformation 7 (2003): 17–24.

26. Zak, "Trust," p. 23.

27. Christine Porath, "Half of Employees Don't Feel Respected by Their Bosses," Harvard Business Review, November 19, 2014, https://hbr.org/2014/11/half-of-employees-dont-feel-respected-by-their-bosses .

28. Christine Porath, Mastering Civility: A Manifesto for the Workplace (New York: Grand Central, 2016).

第三章

29. "Deep Look into the WordPress Market Share," Kinsta, accessed June 12, 2020, https://kinsta.com/wordpress-market-share/ .

30. "All Around the World, Building a New Web, and a New Workplace. Join Us!," About Us, Automattic, accessed July 28, 2020, https://automattic.com/about/ .

31. 我在我之前的著作《別用你知道的方式管員工》一書中採訪過穆倫維格。除非另有說明，所有的引述和事實均來自我與馬特‧穆倫維格在 2015 年 3 月 10 日的採訪。

32. Matt Mullenweg, "The CEO of Automattic on Holding 'Auditions' to Build a Strong Team," Harvard Business Review, April 2014, 42.

33. Christoph Riedl and Anita Williams Woolley, "Teams vs. Crowds: A Field Test of the Relative Contribution of Incentives, Member Ability, and Emergent Collaboration to Crowd-Based Problem-Solving Performance," Academy of Management Discoveries 3, no. 4 (2017): 382–403.

34. Nicholas Bloom, "To Raise Productivity, Let More Employees Work from Home," Harvard Business Review, January– February 2014, 28–29.

35. Adrian Robert Gostick and Chester Elton, The Best Team Wins: The New Science of High Performance (New York: Simon & Schuster, 2018), 106.

第四章

36. Stephanie Lee, "Remote Team Meetups: Here's What Works for Us," Buffer Blog, January 7, 2019, https://buffer.com/resources/remote-team-meetups/ .

37. Matt Mullenweg and Carolyn Kopprasch, "How Buffer Meets Up," Rework Podcast, June 4, 2019, https://rework.fm/how-buffer-meets-up/ .

38. Vivek Murthy, "Work and the Loneliness Epidemic," Harvard Business Review, September 2017, https://hbr.org/cover-story/2017/09/work-and-the-loneliness-epidemic .

39. Tom Rath and Jim Harter, "Your Friends and Your Social Well-Being," News, Gallup, February 6, 2020, https://news.gallup.com/businessjournal/127043/friends-social-wellbeing.aspx .

40. Julianne Holt-Lunstad, Timothy B. Smith, and J. Bradley Layton, "Social Relationships and Mortality Risk: A Meta-Analytic Review," PLoS Medicine 7, no. 7 (2010), https://doi.org/10.1371/journal.pmed.1000316 .

41. Beth S. Schinoff, Blake E. Ashforth, and Kevin Corley, "Virtually (In)separable: The Centrality of Relational Cadence in the Formation of Virtual Multiplex Relationships," Academy of Management Journal, September 17, 2019, https://doi.org/10.5465/amj.2018.0466 .

42. Beth S. Schinoff, Blake E. Ashford, and Kevin Corley, "How Remote Workers Make Work Friends," Harvard Business Review, November 23, 2019, https://hbr.org/2019/11/how-remote-workers-make-work-friends .

43. 許多公司採用了這種方法，這得感謝貝卡‧范內德里安（Becca Van Nederynen）和客服電子郵件軟體公司Help Scout把這個方法叫做fika。Becca Van Nederynen,"6 Tips to Keeping Your Remote Team Connected," Help Scout, November 8, 2017, https://www.helpscout.com/blog/remote-team-connectivity/ .

44. R. I. M. Dunbar, "Breaking Bread: The Functions of Social Eating,"

Adaptive Human Behavior and Physiology 3, no. 3 (2017): 198–211.

45. Kaitlin Woolley and Ayelet Fishbach, "Shared Plates, Shared Minds: Consuming from a Shared Plate Promotes Cooperation," Psychological Science 30, no. 4 (2019): 541–52.

46. Janina Steinmetz and Ayelet Fishbach, "We Work Harder When We Know Someone's Watching," Harvard Business Review, May 18, 2020, https://hbr.org/2020/05/we-work-harder-when-we-know-someones-watching .

第五章

47. "About Our Company," Basecamp, accessed June 11, 2020, https://basecamp.com/about .

48. Katharine Schwab, "More People Are Working Remotely, and It's Transforming Office Design," Fast Company, June 27, 2019, https://www.fastcompany.com/90368542/more-people-are-working-remotely-and-its-transforming-office-design .

49. Jason Fried and David Heinemeier Hansson, Remote: Office Not Required (New York: Crown, 2013), 13. ；繁體中文版《遠端工作模式》（Remote: Office Not Required），天下文化出版，2020。

50. "The Basecamp Guide to Internal Communication," Basecamp, accessed June 11, 2020, https://basecamp.com/guides/how-we-communicate .

51. Gloria Mark, Stephen Voida, and Armand Cardello, "A Pace Not Dictated by Electrons," in Proceedings of the 2012 SIGCHI Annual Conference on Human Factors in Computing Systems, CHI '12 (New York: ACM, 2012),

555–64, https://doi.org/10.1145/2207676.2207754 .

52. 這個比喻要歸功於 Basecamp 的團隊，我改換措辭來重述一番。 Jason Fried and David Heinemeier Hansson, Remote: Office Not Required (New York: Crown Business, 2013).

53. Kristin Byron, "Carrying Too Heavy a Load? The Communication and Miscommunication of Emotion by Email," Acad-emy of Management Review 33, no. 2 (2008): 309–27, https://doi.org/10.5465/amr.2008.31193163 .

54. Michael W. Kraus, "Voice-Only Communication Enhances Empathic Accuracy," American Psychologist 72, no. 7 (2017): 644.

55. Noah Zandan and Hallie Lynch, "Dress for the (Remote) Job You Want," Harvard Business Review, June 19, 2020, https://hbr.org/2020/06/dress-for-the-remote-job-you-want .

56. Jessica R. Methot, Emily Rosado-Solomon,Patrick Downes, and Allison S. Gabriel, "Office Chit-Chat as a Social Ritual: The Uplifting Yet Distracting Effects of Daily Small Talk at Work," Academy of Management Journal, June 5, 2020, https://doi.org/10.5465/amj.2018.1474 .

第六章

57. 所有的引文和資料出自 Stephen Wolfram,"What Do I Do All Day? Livestreamed Technology CEOing,"Writings, Stephen Wolfram, December 11, 2017, https://writings.stephenwolfram.com/2017/12/what-do-i-do-all-day-livestreamed-technology-ceoing/ .

58. Jennifer L. Geimer, Desmond J. Leach, Justin A. DeSimone, Steven G. Rogelberg, and Peter B. Warr, "Meetings at Work: Perceived Effectiveness and Recommended Improvements," Journal of Business Research 68, no. 9 (2015).

59. 2019 State of Remote Work Report (Somerville, MA: Owl Labs, September 2019), https://www.owllabs.com/state-of-remote-work/2019 .

60. Steven G. Rogelberg, "How to Create the Perfect Meeting Agenda," Harvard Business Review, February 26, 2020, https://hbr.org/2020/02/how-to-create-the-perfect-meeting-agenda .

61. Henry M. Robert III et al., Rob- ert's Rules of Order Newly Revised, in Brief, 11th ed. (Philadelphia: DaCapo Press, 2011).

62. Jeremy Bailenson,"Why Zoom Meetings Can Exhaust Us," Wall Street Journal, April 3, 2020, https://www.wsj.com/articles/why-zoom-meetings-can-exhaust-us-11585953336 .

第七章

63. "Apollo 13," NASA, last updated January 9, 2018, https://www.nasa.gov/mission pages/apollo/missions/apollo13.html .

64. Jesus Diaz, "This Is the Actual Hack That Saved the Astronauts of the Apollo XIII," Gizmodo, September 4, 2018, https://gizmodo.com/this-is-the-actual-hack-that-saved-the-astronauts-of-th-1598385593 .

65. "Apollo 13," NASA.

66. David Burkus, The Myths of Creativity: The Truth About How Innovative

Companies and People Generate Great Ideas (San Francisco: Jossey-Bass, 2013).

67. Norman R. F. Maier and L. Richard Hoffman, "Quality of First and Second Solutions in Group Problem Solving," Journal of Applied Psychology 44, no. 4 (1960): 278.

68. Steven G. Rogelberg, The Surprising Science of Meetings: How You Can Lead Your Team to Peak Performance (New York: Oxford University Press, 2018).

69. 我在這裡要感謝我的朋友提姆・桑德斯（Tim Sanders），他開創了他所謂的「交易激盪法」（Dealstorming），我用來做為這三種會議的指南。 Tim Sanders, Dealstorming: The Secret Weapon That Can Solve Your Toughest Sales Challenges (New York: Portfolio, 2016).

70. Patricia D. Stokes, Creativity from Constraints: The Psychology of Breakthrough (New York: Springer, 2005).

71. 我從羅傑・馬丁（Roger Martin）那裡學到了這個很棒的問題。 Roger L. Martin, "My Eureka Moment with Strategy," Harvard Business Review, July 23, 2014, https://hbr.org/2010/05/the-day-i-discovered-the-most.html .

72. Charlan J. Nemeth, Bernard Personnaz, Marie Personnaz, and Jack A. Goncalo, "The Liberating Role of Conflict in Group Creativity: A Study in Two Countries," European Journal of Social Psychology 34, no. 4 (2004): 365–74.

73. Liana Kreamer and Steven G. Rogelberg, "Break Up Your Big Virtual Meetings," Harvard Business Review, April 29, 2020, https://hbr.org/2020/04/break-up-your-big-virtual-meetings .

第八章

74. 充分公開揭露：我與Actionable.co合作，設計了一些在我自己的網站上提供的訓練內容。而且，沒錯，每個專案的最終結果看起來與我們最初的意圖非常不同（而且更好）。

75. 所有克里斯‧泰勒的事實和引述均來自作者與他本人在2020年6月30日的個人談話。

76. John R. Carlson et al., "Applying the Job Demands Resources Model to Understand Technology as a Predictor of Turnover Intentions," Computers in Human Behavior 77 (2017): 317–25.

77. H. Jiang, M. Siponen, and A. Tsohou (2019), "A Field Experiment for Understanding the Unintended Impact of Internet Monitoring on Employees: Policy Satisfaction, Organizational Citizenship Behaviour and Work Motivation," in Proceedings of the 27th European Conference on Information Systems (ECIS), Stockholm and Uppsala, Sweden, June 2019, Association for Information Systems, https://aisel.aisnet.org/ecis2019rp/107 .

78. Edward L. Deci and Rich- ard M. Ryan, "Facilitating Optimal Motivation and Psychological Well-Being Across Life's Domains," Canadian Psychology/Psychologie canadienne 49, no. 1 (2008): 14.

79. Deci and Ryan, "Optimal Motivation," 15–16.

80. Erin Reid, "Embracing, Passing, Revealing, and the Ideal Worker Image: How People Navigate Expected and Experienced Professional Identities," Organization Science 26, no. 4 (2015): 997–1017.

81. Meng Zhu, Rajesh Bagchi, and Stefan J. Hock, "The Mere Deadline Effect: Why More Time Might Sabotage Goal Pursuit," Journal of Consumer Research 45, no. 5 (2019): 1068–84.

82. Teresa M. Amabile and Steven J. Kramer, "The Power of Small Wins," Harvard Business Review, May 2011, 70–80.

83. Teresa M. Amabile and Steven J. Kramer, The Progress Principle: Using Small Wins to Ignite Joy, Engagement, and Creativity at Work (Boston: Harvard Business Review Press, 2011).

84. Cynthia E. Cryder, George Loewenstein, and Howard Seltman, "Goal Gradient in Helping Behavior," Journal of Experimental Social Psychology 49, no. 6 (2013): 1078–83.

85. Ran Kivetz, Oleg Urminsky, and Yuhuang Zheng, "The Goal-Gradient Hypothesis Resurrected: Purchase Acceleration, Illusionary Goal Progress, and Customer Retention," Journal of Marketing Research 43, no. 1 (2006): 39–58.

86. 引言出處 W. Edwards Deming, n.d., retrieved July 14, 2020, from https://quotes.deming.org/authors/W._Edwards_Deming/quote/10091 .

87. 作者與翠維尼亞・巴博在2020年7月2日的個人談話。

第九章

88. 所有麥克・德賈登的事實和引述均來自作者與他本人在2020年6月30日的個人談話。

89. Dave Cook, "The Freedom Trap: Digital Nomads and the Use of Disciplining Practices to Manage Work/ Leisure Boundaries," Information Technology and Tourism (2020): 1–36, https://doi.org/10.1007/s40558-020-00172-4 .

90. Clare Kelliher and Deirdre Anderson, "Doing More with Less? Flexible Working Practices and the Intensification of Work," Human Relations 63, no. 1 (2010): 83–106.

91. Cal Newport, "Drastically Reduce Stress with a Work Shutdown Ritual," Study Hacks, June 8, 2009, https://www.calnewport.com/blog/2009/06/08/drastically-reduce-stress-with-a-work-shutdown-ritual/ .

92. Kristin M. Finkbeiner, Paul N. Russell, and William S. Helton, "Rest Improves Performance, Nature Improves Happiness: Assessment of Break Periods on the Abbreviated Vigilance Task," Consciousness and Cognition 42 (2016): 277–85.

93. J. Barton and Jules Pretty, "What Is the Best Dose of Nature and Green Exercise for Improving Mental Health? A Multi- Study Analysis," Environmental Science & Technology 44, no. 10 (May 2010): 3947–55.

94. Elizabeth K. Nisbet and John M. Zelenski, "Underestimating Nearby Nature: Affective Forecasting Errors Obscure the Happy Path to Sustainability," Psychological Science 22, no. 9 (2011): 1101–6.

第十章

95. 所有蘿拉‧加斯納‧奧汀的事實與引述均來自作者與她本人在2020年
    7月2日的個人談話。

96. 我發現了在與虛擬團隊道別時，有很多不同的指引參考。其中有
    三個資料特別有用：Teresa Douglas,"How to Say Goodbye When a
    Remote Worker Leaves,"Medium, March 18, 2019, https://medium.
    com/@tdogknits/how-to-say-goodbye-when-a-remote-worker-leaves-
    37ef2aee01f7；Nick Francis,"Parting Ways with a Remote Team
    Member," Help Scout, August 8, 2017, https://www.helpscout.com/
    blog/how-to-fire-a-remote-employee/；and Kiera Abbamonte, "Bidding
    Farewell to a Remote Team Member," Kayako Blog, December 13, 2017,
    https://www.kayako.com/blog/employee-offboarding-best-practices/ .

97. 我在《別用你知道的方式管員工》中，用了一整章專門說明這個概念。

結論

98. 所有亞倫‧伯佐的事實和引述均來自作者與他本人在2020年7月01日
    的個人談話。

方向 75

遠距團隊的高效領導法則

你擔心的 WFH 缺點都不會發生！十個環節打造超強向心力的傑出團隊

Leading from Anywhere: The Essential Guide to Managing Remote Teams

作　　者：大衛·博柯斯（David Burkus）
譯　　者：黃庭敏
責任編輯：簡又婷
校　　對：簡又婷、林佳慧
封面設計：萬勝安
內頁設計：洪偉傑
寶鼎行銷顧問：劉邦寧

發 行 人：洪祺祥
副總經理：洪偉傑
副總編輯：林佳慧
法律顧問：建大法律事務所
財務顧問：高威會計師事務所
出　　版：日月文化出版股份有限公司
製　　作：寶鼎出版
地　　址：台北市信義路三段 151 號 8 樓
電　　話：(02) 2708-5509　傳真：(02) 2708-6157
客服信箱：service@heliopolis.com.tw
網　　址：www. heliopolis.com.tw
郵撥帳號：19716071 日月文化出版股份有限公司

總 經 銷：聯合發行股份有限公司
電　　話：(02) 2917-8022　傳真：(02) 2915-7212
印　　刷：軒承彩色印刷製版股份有限公司
初　　版：2022 年 4 月
定　　價：360 元
Ｉ Ｓ Ｂ Ｎ：978-626-7089-40-8

LEADING FROM ANYWHERE
by David Burkus
Copyright © 2021 by David Burkus
Published by arrangement with HarperCollins Publishers LLC
through Bardon-Chinese Media Agency
Complex Chinese translation copyright ©2022
by Heliopolis Culture Group Co., Ltd.
All RIGHTS RESERVED

國家圖書館出版品預行編目資料

遠距團隊的高效領導法則：你擔心的 WFH 缺點都不會發生！
十個環節打造超強向心力的傑出團隊／大衛·博柯斯（David
Burkus）著；黃庭敏譯. -- 初版. -- 臺北市：日月文化出版股
份有限公司，2022.04
328 面；14.7×21 公分. -- (方向；75)
譯　自：Leading from Anywhere: The Essential Guide to
Managing Remote Teams.

ISBN 978-626-7089-40-8（平裝）

1. 遠距領導 2. 遠距團隊 3. 組織管理

494.2　　　　　　　　　　　　　　　111001981

日月文化集團
HELIOPOLIS
CULTURE GROUP

遠距團隊的高效領導法則

感謝您購買　你擔心的WFH缺點都不會發生！十個環節打造超強向心力的傑出團隊

為提供完整服務與快速資訊，請詳細填寫以下資料，傳真至02-2708-6157或免貼郵票寄回，我們將不定期提供您最新資訊及最新優惠。

1. 姓名：＿＿＿＿＿＿＿＿＿＿＿＿　　性別：□男　　□女

2. 生日：＿＿＿＿年＿＿＿＿月＿＿＿＿日　　職業：＿＿＿＿

3. 電話：（請務必填寫一種聯絡方式）

　　（日）＿＿＿＿＿＿＿＿（夜）＿＿＿＿＿＿＿＿（手機）＿＿＿＿＿＿＿

4. 地址：□□□＿＿＿＿＿＿＿＿＿＿＿＿＿＿＿＿＿＿＿＿＿＿

5. 電子信箱：＿＿＿＿＿＿＿＿＿＿＿＿＿＿＿＿＿＿＿＿＿

6. 您從何處購買此書？□＿＿＿＿＿＿＿縣/市＿＿＿＿＿＿＿書店/量販超商

　　□＿＿＿＿＿＿＿網路書店　□書展　□郵購　□其他

7. 您何時購買此書？　＿＿年＿＿月＿＿日

8. 您購買此書的原因：（可複選）

　　□對書的主題有興趣　□作者　□出版社　□工作所需　□生活所需

　　□資訊豐富　□價格合理（若不合理，您覺得合理價格應為＿＿＿＿）

　　□封面/版面編排　□其他＿＿＿＿＿＿＿＿＿＿＿＿＿＿

9. 您從何處得知這本書的消息：　□書店 □網路／電子報 □量販超商 □報紙

　　□雜誌 □廣播 □電視 □他人推薦 □其他

10. 您對本書的評價：（1.非常滿意 2.滿意 3.普通 4.不滿意 5.非常不滿意）

　　書名＿＿＿＿內容＿＿＿＿封面設計＿＿＿＿版面編排＿＿＿＿文/譯筆＿＿＿＿

11. 您通常以何種方式購書？□書店　□網路　□傳真訂購　□郵政劃撥　□其他

12. 您最喜歡在何處買書？

　　□＿＿＿＿＿＿＿縣/市＿＿＿＿＿＿＿書店/量販超商　□網路書店

13. 您希望我們未來出版何種主題的書？＿＿＿＿＿＿＿＿＿＿＿＿＿＿

14. 您認為本書還須改進的地方？提供我們的建議？

＿＿＿＿＿＿＿＿＿＿＿＿＿＿＿＿＿＿＿＿＿＿＿＿＿＿＿＿＿＿

＿＿＿＿＿＿＿＿＿＿＿＿＿＿＿＿＿＿＿＿＿＿＿＿＿＿＿＿＿＿

＿＿＿＿＿＿＿＿＿＿＿＿＿＿＿＿＿＿＿＿＿＿＿＿＿＿＿＿＿＿

＿＿＿＿＿＿＿＿＿＿＿＿＿＿＿＿＿＿＿＿＿＿＿＿＿＿＿＿＿＿

悅讀的需要，出版的方向